# TOKYO 東京 猫びより散歩

一志敦子
Illustrated by
Atsuko Isshi

辰巳出版

## 目次

浅草編
- 山崎屋源七提灯店 — 8
- 珈琲 若生(わかお) — 10
- カフェ&ギャラリー ギャラリー・エフ — 12
- 革製品 Kanmi. — 14
- 浅草リトルシアター — 16

両国 — 江戸相撲小物 両国髙はし — 18
神楽坂 — マンヂウカフェ ムギマル2 — 26
谷中 — 喫茶 ル・プリーベ — 32
新座(埼玉) — アンティーク&カフェ garland — 39
西荻窪 — 古書 にわとり文庫 — 46
ひばりヶ丘 — 音楽カフェ 森のこみち — 52
南青山 — シューリペアショップ COBBLER NEXT DOOR — 58
鷹の台 — アンティーク・ブロカント プチミュゼ — 64

| | |
|---|---|
| 中野編 フラワーショップ 花月 | 74 |
| トリミング&バール スクウ | 82 |
| 沖縄料理 あしびなー | 84 |
| 川口（埼玉） カフェ・ド・アクタ | 87 |
| 早稲田 アトリエ・カフェ トリトリノキ | 94 |
| 小岩 ピザ・スパゲティ ボローニア | 100 |
| 明治神宮前 小池精米店 | 106 |
| 代々木 雑貨 nagaya shop mitta | 114 |
| 吉祥寺 古本 すうさい堂 | 120 |
| 新宿 カフェ アルル | 127 |
| 町屋 パリジャンカフェ | 130 |
| 京橋 古美術 木雞（もっけい） | 133 |
| 自宅仕事場 | 136 |

## まえがき

町屋にある「パリジャンカフェ」。入口の扉を開けると、「いらっしゃいませ」と看板猫のキューちゃんが駆け寄ってきます。彼に「こんにちは〜」と挨拶しながら、外に出してはいけないと慌てて扉を閉めます。猫がいるお店はますます好きです。キューちゃんみたいにフレンドリーでなくても、猫がいるだけで、そこは幸せな空間になるのです。猫がいるお店でも無視されても大好きです。猫がいるだけで、そこは幸せな空間になるのです。そんな気持ちを伝えたくて猫のいるお店を訪ね歩いています。

この『東京猫びより散歩』は、雑誌「猫びより」で連載されていた「ジオラマ猫処」と現在連載中の「東京猫びより散歩」をまとめたものです。町を歩いていると、猫が家族の一員として出勤しているお店があります。お花屋さんに喫茶店、雑貨屋さんと職種はさまざまです。訪れるお客さんや近所の方は、皆さん大抵顔を崩して「○○ちゃん、元気〜〜？」。そして猫をはさんでお店の人と猫話に花を咲かせます。

その様子をこっそり眺めるのも会話に参加するのも楽しいことです。俯瞰図（上からのぞいた図）では、お店の寸法をはじめからはじめまで測りました。メジャーで机や椅子、壁から床まではいつくばって測りました。今考えると、猫から見れば「なにやってんだ、こいつ」と思っていたのではないでしょうか。お店の皆さんはじめ猫さんたちには大変お世話になりました。本当にありがとうございました。

また、惜しまれつつ閉店したお店もあります。訪れたことのある人にも、行けなかった人にも、この本がその記憶と記録になってくれたらと心から願います。

最後にいつも的確なアドバイスをくださった「猫びより」編集部の皆さん、いつも素敵なデザインをしてくださる山口至剛デザイン室の皆さんにお礼を申し上げます。そしてこの本を手に取ってくださったあなたに、心からありがとうございます！

2018年9月　一志敦子

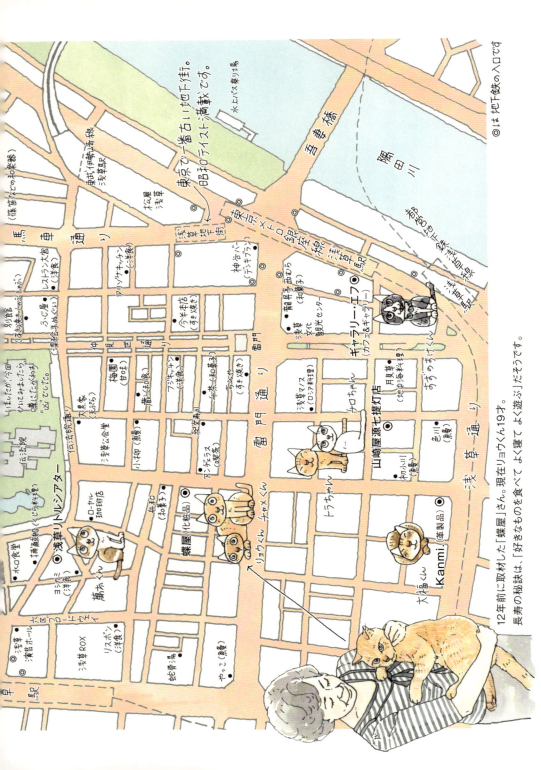

# ASAKUSA 浅草

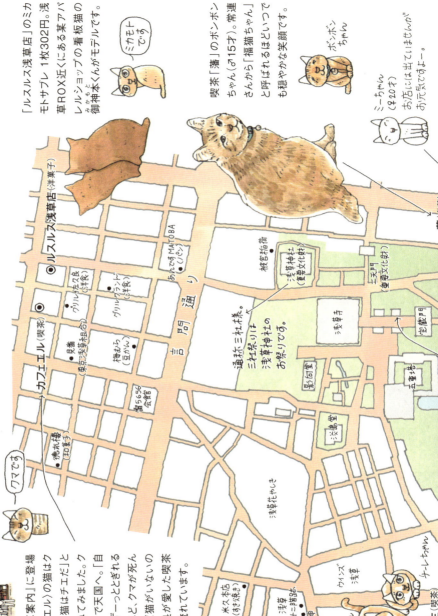

「ルスルス浅草店」のミカモトサブレ 1枚302円。浅草ROX近くにあるアパレルショップの看板猫の御神本くんがモデルです。

ミカモトです

喫茶「藩」のボンボンちゃん(♂15才)。常連さんから「福猫ちゃん」と呼ばれるほどいつでも穏やかな笑顔です。

ボンボンちゃん

ミーちゃん(♀20才)
お店には出ていませんがお元気ですよー。

● ルスルス浅草店〈洋菓子〉
● あんです MATOBA〈パン〉
●見番(東京浅草組合)
グリル佐良〈洋食〉
グリルグランド〈洋食〉
梅むら〈豆かん〉
● 壺5656会館

● 徳太樓〈和菓子〉

→カフェエル〈喫茶〉

被官稲荷

浅草神社
(東京文化財)

通称「三社様」。
三社祭りは
浅草神社の
お祭りです。

浅草寺

影向堂

二天門
(重要文化財)

宝蔵門

五重塔

クマです

浅草やえいち

米久本店
(すき焼き)
浅草
十二階跡
銀ちゃん
六区跡

ウインズ
浅草

ターレちゃん
浅草

若生〈喫茶〉

藩〈喫茶〉

JR つくばエクスプレス

半村良の『小説 浅草案内』に登場する「カフェエル」。「エル」の猫はケンという名で〈鳥幸〉の猫はチエだ」と書かれていたので訪ねてみました。ケンさんは7年前に20才で天国へ。「自分の人生の中で猫はずーっとそばにいることとされることなくそばにいたけれど、クマが死んでからは不思議だけど猫がいない喫茶店。」とママさん。半村良が愛した喫茶店には静かな時間が流れています。

# ASAKUSA 浅草

### 山崎屋源七提灯店
東京都台東区雷門2-9-9
TEL 03-3841-8849
営業時間:9:00〜19:00
定休日:日曜・祝日

江戸時代から続く老舗手描き提灯屋の「山崎屋源七提灯店」では、代々猫を飼っています。現在は、知人からもらったチロちゃん(♀11才)とここで生まれた息子のトラちゃん(♂10才)。チロちゃんはとにかく人懐こくて、初対面でもひざの上に乗ったら離れません。

「小さいチロをヨットパーカーのおなかのポケットに入れて仕事をしていたので人に馴れたのかな」

と8代目店主の山田さん。

← 取材中、椅子に座るとひざの上に。
うれしすぎて仕事になりません〜
ゴロ〜ン

面相筆でふちどりする。

まず、木炭でだいたいの下書きをする。

提灯用の書体は、江戸文字・楷書・角字・牡丹(ぼたん)文字など10〜15種ほどあります。

こちらの江戸文字は、楷書の字を太くしたもので、遠くからでもはっきり力強く見えます。大衆文字なので流派はなく、書き手(職人)の個性が風合いとなります。

トラちゃんは、
子供の頃は
怖がりでしたが、
今では何を
されても怒らず
子供も平気。
優しくて
穏やかなので、
自分より小さな
野良の子猫に
追いかけられる
男の子に育ちました。

歌舞伎文字・寄席文字・
相撲文字はそれぞれ
流派があるので
書き方が違います。

↑歌舞伎文字

出来上がり！

平筆で塗りこんで…

## 珈琲 若生(わかお)

東京都台東区浅草2-10-13
TEL 03-3844-5403
営業時間：
月～水・金曜10:00～17:00
土・日曜・祝日9:00～17:00
定休日：木曜

浅草で喫茶店を始めて40年の老舗。
ご主人は町内会の世話役でもあり、忙しい日々。

「若生」には、猫びより2014年9月号でも紹介された看板猫 舞ちゃん（♀、去年の8月に19才で天国へ）がいました。まだ舞ちゃんが元気だった頃、お隣の大勝館（戦前は映画館、戦後は紆余曲折あって2007年に休館、後に廃墟ビル）に茶色の野良が住んでいました。呼び名はカフェオレ色なのでオーレ（♀）。オーレには娘がいて"小さいオーレ"でチーレ（♀3才）と呼んでいました。

やがてチーレも子供を3匹産みました。大勝館が壊されドン・キホーテの建設が始まり、オーレ一家が逃げてきたので「若生」に入れることになりましたが、オーレ母さんは子供たちを見送ると、自分はどこかに行ってしまいました。

銀ちゃん（♀ 後半）。チーレちゃんの娘。
名前は「水戸黄門」のかげろうお銀から。
この場所がお気に入り。よく外を
眺めていたり寝そべっていたりします。

チーレちゃん。実は舞ちゃん、チーレ一家を
お店に入れたことをとても怒って、
2階に舞ちゃん1階にチーレちゃんと
銀ちゃんと住み分けしていたそうです。

ご主人とおかみさん、常連さんの会話の輪に入るチーレちゃん。

「若生」名物の
カレートースト 700円。
(※フードはサイド
　メニューなので
　飲み物も
　ご一緒にどうぞ)

老若男女が
食べられるように
甘口のカレー。
とろとろの豚肉が
入っています。
トーストの焼き方も
いろいろ工夫されています。

## カフェ＆ギャラリー
## ギャラリー・エフ

東京都台東区雷門2-19-18
TEL 03-3841-0442
営業時間：カフェ 11:00～
L.O.18:00／バー 水曜18:00～
23:00 金・土曜・祝日の前夜
18:00～24:30
定休日：火曜（臨時休あり）
http://www.gallery-ef.com

カフェの奥にある蔵は、関東大震災にも東京大空襲にも耐えぬいた文化庁登録有形文化財。展覧会や朗読会、琵琶の演奏会など様々なイベントが開催されます。

猫びより2011年9月号「ジオラマ猫処」に登場した「ギャラリー・エフ」の銀さん。2009年夏、ボロ雑巾のようだった1匹の野良猫が「ギャラリー・エフ」の大切な家族となり、スタッフのIzumiさんをはじめ、たくさんの人に「銀次親分」と呼ばれて愛されていました。しかし、2013年12月29日正午、突然天国へ。

少し時をさかのぼり、2011年3月11日の東日本大震災後、「チーム銀次」を立ち上げたIzumiさんは、福島県飯舘村をはじめ被災動物の支援を始めました。銀さんが亡くなって半年後、福島からの帰路、深夜の高速道路の路肩で子猫を発見。車を降りて寄っていくと、ピューッと駆け寄ってきたそうです。それがすずのすけくんでした。

Izumiさんと すずのすけくん
（♂1才半）通称 すず

お店に来ると、すぐ銀さんがよくいた椅子やベッドに乗ったり、「銀さんに言われて来たとしか思えない」とIzumiさん。

まだ見習いなのでお店に出ていない時もあるんでニャッごめんニャッ

「カフェ・バッハ」の豆を使用した エフブレンド フレンチロースト 570円。

この生クリームがおいしいの！

外はサクサク、中もっちりのシナモントースト 450円。
浅草の老舗パン屋「ペリカン」の厚切りトーストにたっぷりのシナモンパウダー。

撮るよー すずー

はーい

※ショップもできました
東京都台東区雷門1-2-5
月〜金曜13:00〜17:00
土・日曜・祝日13:00〜18:00
定休日：不定休
http://www.kanmi.jp

# 革製品 Kanmi.（カンミ）

東京都台東区雷門1-1-11
TEL 03-6280-7225
営業時間：
月〜金曜11:00〜19:00
土・日曜・祝日13:00〜18:00
定休日：不定休
※現在、アトリエには
どらやきくん（♂3才）がいます。

革製品の
アトリエ「Kanmi.」。
スタッフ全員甘いもの
好きでこの名に。

「Kanmi.」にはスタッフを癒す大福くん（♂推定15才以上）がいます。大福くんは近所のおばあさんが飼っていた猫。おばあさんが亡くなって路頭に迷い、お店の脇でボロボロになっていてこれはまずいと保護しました。タオルにくるんで保護した途端、ゴロゴロ言いだし、駆け込んだ動物病院で聴診器をあてても「ゴロゴロが大きすぎて心臓の音が聞こえないよ」と苦笑されました。

キャリーが嫌いなので
獣医さんの所へは
リードをつけて自転車の
かごに入って通います。
かごのふちにちょこんと
手をかけてまるで
「E.T.」のよう。
1年くらいは獣医さんの
所でもゴロゴロ言って
いましたが、ここ（病院）は
怖い所と分かったようで、
ピタッと止まったそうです。

おばあさんが
亡くなってから
ずっと苦労してきたから
いっぱい幸せに
なってほしいと
願いを込めて
「大福」にしたんです

とデザイナーの
石塚さん。

仕事場で
いつもスタッフと
一緒。
ほんとに
よかったね
大福くん!

イベント限定で販売予定の
大福くんがモデルの
キーホルダー（価格未定）。

# 浅草リトルシアター

東京都台東区浅草1-41-7
TEL 03-6801-7120
営業時間：昼のお笑いライブ
11:00〜17:00
※夜は催しにより時間が変わります
定休日：年中無休
https://www.asakusa-alt.jp

浅草六区通りにある「世界で一番小さな劇場」浅草リトルシアター。昼はお笑いライブ、夜は芝居や音楽ライブなど、多彩な催しがあります。

お笑いライブに出演するお兄さんたちが元気に呼び込みがんばっています。

「写真撮られるのちょっと苦手〜 抱っこも苦手です〜」

浅草リトルシアターの看板猫 萬太（まんた）くん（♂4才）。生後2〜3か月くらいの時、知人からもらいました。小屋主の山口六平さんの娘さんが何気なくつけたのが「萬太」。さわられるのは好きではありませんが、ほどよい距離感を保っていれば、ずーっと一緒にいてくれます。

山口さんと一緒に。

事務所の入口から外を眺めていることも。

この日はお芝居の稽古中、病人役の役者さんがお休みだったので、急きょ代役を熱演しました。

劇場にて。
お客さんの隣で
ゆっくりくつろぐ
萬太くん。

昼間は劇場裏の
事務所で寝ていますが、
夜は気が向くと劇場に行って
音楽ライブを客席で
聴いていることもあります。

# RYOGOKU 両国

### 江戸相撲小物
## 両国髙はし

東京都墨田区両国4-31-15
TEL 03-3631-2420
営業時間：9:30〜19:00
定休日：日曜不定休
（大相撲東京場所中を除く）
http://edo-sumo.d.dooo.jp

「両国髙はし」は、昔ながらの家族経営のお店です。

ショーウィンドゥによくいるのははなちゃん。

大正元年創業のお誂え布団と江戸相撲小物（お相撲さんが使う日用品）の専門店「両国髙はし」。相撲甚句が流れる店内に、2匹の看板猫がいます。
相撲甚句…邦楽の一種。大相撲の巡業などでお相撲さんが輪になって歌う七五調の囃子唄

お店の裏の神社で生まれ、母猫とはぐれ迷ってやってきたミントちゃん。当時、家族にとって猫は怖いイメージで、近寄りがたいものでした。それでもかわいそうなので、ごはんをあげて神社に戻しました。ところが、おばあちゃんがエプロンに隠して連れ帰ってきてしまったのです。しぶしぶ飼うことになりましたが、家族になったら、もうかわいくて仕方がありません。今では街を自転車で走っていても、猫を見かけると思わず止めて後をついていくほど立派な猫好きになってしまいました。

知らない人…苦手…

抱っこが嫌いなミントちゃんとお母さん。

はなちゃん（♀4才）は、3月3日生まれ。
お父さんはヒマラヤン、お母さんはアメショ。
生後2か月で知人からもらいました。

自分の名前入り座布団で
寝るはなちゃん。

家族を大の猫好きに
変えたミントちゃん（♀6才）。
ちょっとくずれたハート模様がラブリー。

ミントちゃんは、はなちゃんが前を
通ると「シャーシャー」言うけれど、
はなちゃんがお風呂から出てくると
なめてかわかしてくれます。

ミントちゃんとはなちゃんの貴重なツーショット。

お相撲グッズもたくさんあります！

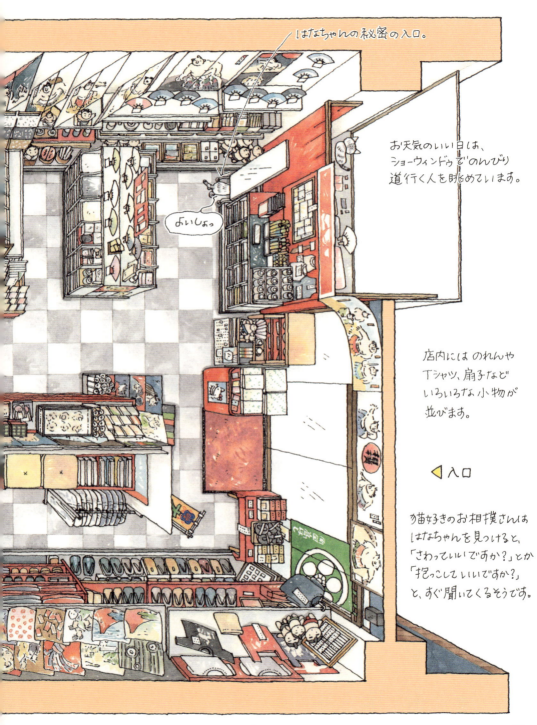

以前、通りがかりのサラリーマンが、ショーウィンドウに入っている！はなちゃんにびっくりして、「(野良)猫がショーウィンドウに入っちゃってますよ」とお店に飛び込んできたこともあったそうです。

はなちゃんとミントちゃんの お相撲さん講座

くし。

もとゆい
元結。
髷を結ぶ
和紙のひも。

びんつ
鬢付け油。
お相撲さんの髷を
結うのに使われます。

お相撲さんが
お店に入ってくると、
鬢付け油の甘く
いい香りが漂って
きます。11月の
九州場所に
必要なものを
購入。

「いらっしゃいませ」

お相撲さんの日用品いろいろニャ

番付表を入れる封筒。
番付表をもらうと、お世話になっている方々などに送ります。

ふのり。お湯で溶かしてこし、のりにします。
まわしの下のひも「さがり」がまっすぐになるように、毎回ふのりで塗り固めます。

タオルやさらし。

普通の封筒より少し長めニャッ

さらしは包帯がわりに使ったりもしますニャ

さがり　まわし

手形を押すための色紙。
（1箱 500枚入り）

筒枕。

たび
足袋。
稽古用足袋の底は、石底と呼ばれるボコボコした強度のある生地が使われています。

すごいねー　この箱の中の色紙全部に手形、押すんだよー

おみやげの数々。地方へ巡業に出る時、お世話になっている方々へ買っていきます。

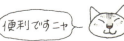便利ですニャ

風呂敷。

# KAGURAZAKA

神楽坂

## マンヂウカフェ ムギマル2

都営地下鉄大江戸線牛込神楽坂駅から徒歩3分。大通りから一歩奥に入った所にある古民家を改装した「マンヂウカフェ ムギマル2」。手作りの蒸しマンヂウ(まんじゅう)といろいろな飲み物を楽しめるお店には、スンちゃん(♀7才)とトンちゃん(♂7才)がいます。

東京都新宿区神楽坂5-20
TEL 03-5228-6393
営業時間：月・火・木・金曜12:00〜20:00／土・日曜12:00〜21:00
定休日：水曜
http://www.mugimaru2.com

10年前の開店時に購入した2鉢のツタが育ちに育ちました。まるで「ジャックと豆の木」のよう。店先には小さな植木鉢がいっぱい並んでいて見ているだけで楽しい。

看板のモデルは、スンちゃんとトンちゃんのお母さんのマツ子さん(現在、マツ子さんはお店に出ていませんが、元気にしています)。マツ子さんは、7年前、野良の流離(きすら)いさんとの間に5匹をもうけ、そのうちの3匹は知人宅にもらわれました。

子猫の時、他の兄弟に先を越され、なかなかおっぱいが飲めず、一番小さかったスンちゃん。「一寸法師」とか「寸足らず」の寸からスンちゃんになりました。

トンちゃん。
いつもマツ子さんのおっぱいをガブガブ飲んでいたため、まるで子豚のようだったのでトンちゃんに。

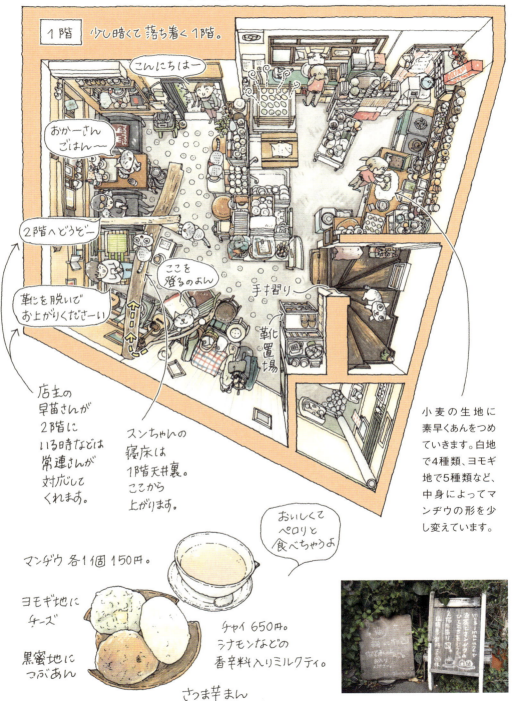

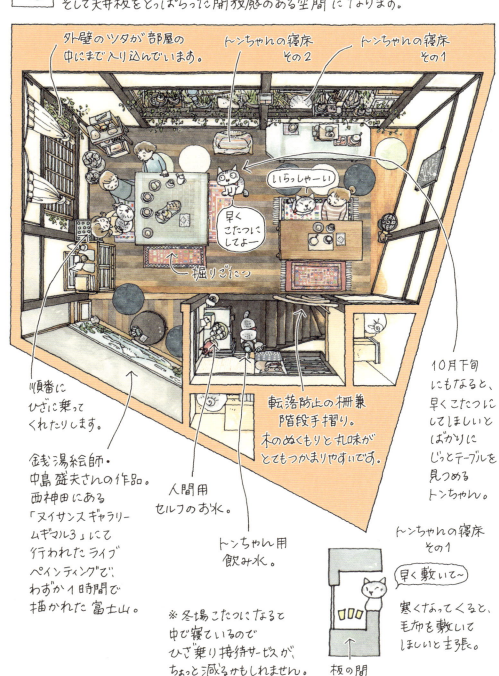

さて、「ムギマル2」には海外からの旅行者がよく訪れます。来日する欧米の旅行者がほとんど持っているガイドブック『ロンリープラネット』。なんと日本武道館、東京ドームと並んで「ムギマル2」が載っています。そこには「フワフワな、とても触りたくなる、興味をひかれるものが2階にいる」と紹介されています。

2階にいる「フワフワのもの」=トンちゃんは、本当に優しくて接客のプロです。

トンちゃんの
ひざ乗り接待サービスに
感激。

カナダから来たカップル。
トンちゃんを見つけると2人ともメロメロ。

※メニューには
英語も併記されています。

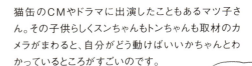

猫缶のCMやドラマに出演したこともあるマツ子さん。その子供らしくスンちゃんもトンちゃんも取材のカメラがまわると、自分がどう動けばいいかちゃんとわかっているところがすごいのです。

「GoPro」という小型軽量カメラ。

とある日のスンちゃん。テレビ東京の情報番組「L4YOU!」の取材を受けています。

そして ごはんを催促。

取材を受け
ご機嫌で外から帰宅。
まずは爪とぎ。

ごはんを食べたらまた外へ。
どこへ行くのかついていってみると…

なんと！お隣の新聞販売店で
また食べています。

スンちゃん用の
ごはん皿が
用意されている！

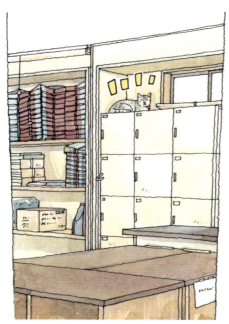

食べ終わると 従業員さんたちの
ロッカーの上でひと休み。

猫は
年がら年中くるよ。
まー 手伝ってくれない
けど、なごんでいるよ

販売員さん 談

明るくておおらかなトンちゃん。実は1才半の時、1週間帰らなかったことがありました。その時、事故にあったのか、帰って来た時、シッポの付け根の神経をやられていて、自力でオシッコできなくなっていました。それ以来、早苗さんが1日2回絞ってあげています。

ウニャッ ヤダ
ウニャッ ヤダ

さぁトンー
いい子だねー

外で遊んで
帰ってきた
トンちゃん。

おかえり〜
トン〜

ただいま〜！

でも、すぐつかまっちゃったね。
トンちゃん、大切なことだから
がんばってね！

オシッコを絞る時使うタオルを
うしろに隠し持っている
早苗さん。

イヤ〜

それに気がついてきびすを返して
逃げ出すトンちゃん。

# YANAKA 谷中

## 喫茶
## ル・プリーベ

東京都台東区谷中1-2-16
TEL 03-3823-6254
営業時間：8:00〜19:00
定休日：金曜（祝日営業）

東京メトロ千代田線根津駅から言門通りを歩いて3分。猫の写真や小物で飾られた外観に、猫好きは思わず足を止めます。フランス語で「プライベートルーム」を意味する喫茶店「ル・プリーベ」。昭和54年の開店以来、地元の人に愛され、週末には谷中散策の人々が立ち寄ります。そんなお店には人なつこい3匹の猫がいます。

猫好きのママさんが
知人から生後1か月の頃もらいました。

タモンくん（♂10才）

優しくて甘えん坊。ママさんを
独占していたのに、3年後
ニーナちゃんが来ると、ママさんをとられた
ショックで円形脱毛症になったことも。

タモンくんは小さな子でも大丈夫。
マスターの孫のほなみちゃんと。

マスターにべったりのルンルンちゃん(♀9才)。タモンくんが来た1年後、タモンくんのおばあちゃんが産んだルンルンちゃんをもらいました。タモンくんの年下の叔母さんになります。

ニーナちゃん(♀7才)

2007年、谷中霊園に5匹の子猫が捨てられていました。その日のうちに4匹がもらわれていきましたが、柄のせいか1匹だけもらい手がなく、2日間雨の中で鳴いていました。3日目の朝、子猫は「このままではまずい!」と意を決し、通学途中の女子大生の後をどこまでもついていき、駅の改札で彼女に保護され、知り合いの「ル・プリーベ」にもらわれました。ニーナという名前は、助けてくれた女子大生の名前から。お店に来た時はよれよれで、「たぬき?」と思われたほど。「もう捨てられたくない!」とばかりに、お客さんの膝から降りなかったそうです。

倉庫外の塀に野良が来ることも。このあたりのやさぐれボス。

窓越しにケンカするタモンくん。

「タモンがオス猫とケンカするのは、ニーナやルンルンを男として守ろうとしているのかも。タモンは弱い子に優しくてね。以前野良のクー(♀)が窓のところに来ると、ごはんあげてーって呼びに来たのよ」とママさん。

ニーナちゃん。「まあ、入ってこれないんだしぃ～」とわかっているのか女の子たちはシランプリ。

スパゲッティーミートソース 800円。(サラダは＋100円)

しっかりした食感のミートソース。
昔ながらの なつかしい味です。
ナポリタンのファンも多いです。

トイレには、
マスターのお気に入りの絵が
いっぱい飾られています。

猫出入口の注意書き

向かいのうなぎやさんのお母さん。
カウンターに乗ろうとするタモンくんに「ダメだよ！」と
しっかり注意してくれる猫好きの常連さん。

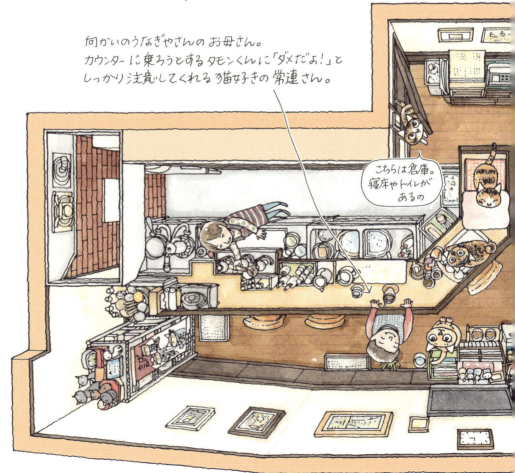

こちらは倉庫。
寝床やトイレが
あるの

以前の連載「東西南北 猫の道」の取材時は、ただの穴だった猫たちの2階自宅への出入口。その後の内装工事の時「この穴、なんですか？」と聞く大工さんに、「猫が通る穴なのよ」とママさん。その大工さんが大の猫好きだったので猫型に仕上げてくれました。

銅板の看板は、工芸デザイン科金属工芸の学生さんの作品。卒業制作のために銅の質感の似合うお店を探して「ル・プリーベ」に辿り着いたそうです。ママさんからは、猫を看板に入れてねと注文したそうです。

「あ、この方、猫好きだなと感じたら猫のカップで出します」とママさん。

生まれてすぐ捨てられ親兄弟から猫界のルールを教わることがなかったせいか、やりたい放題のニーナちゃん。

いつもどっしり落ち着いているルンルンちゃん。こびないそのお姿は「これぞ猫！」です。

タモンくんは面倒見がよく、ルンルンちゃんが子猫の頃、2階から下のお店に連れてくるなど教育していました。爪切りを嫌がるルンルンちゃんの首を甘がみして静かにさせたり、ママのお手伝いもよくします。ニーナちゃんのこともかわいがってあげましたが、ルール知らずのニーナちゃん、教育はうまくいかなかったようです。

皆さん、15時以降お客さんが一段落すると思い思いに出てきます。まれに3匹が並ぶ姿が見られます。3匹ともほどよい距離を保ちながら仲良しです。

タモンにはファンが多くてね。年に1度九州から会いに来る人もいるのよ

とママさん。

大嫌いな爪切りやブラッシングをママがするから、優しくする僕が好きなんだよ

ルンルンちゃんはマスターが大好き。
マスターが呼ぶとうれしそうにお返事、
甘えた仕草をするんです。

写真を撮ろうと正面にまわりこんだお客さんに、そっぽを向くルンルンちゃん。

ニーナちゃんは人なつこすぎてすぐ寄ってくるので、ピントが合いにくい。猫を撮るのは難しいです。

# NIIZA

新座(埼玉)

JR武蔵野線 新座駅南口より徒歩6分の住宅街に、アンティーク&カフェ「garland」があります。10年前の開店当初は、店主の徳生さん手作りのドライフラワーや木工品を販売していました。店内に自分で集めたアンティークをディスプレイしていたところ、購入を希望するお客さんが多く、アンティークを扱うようになりました。お店には、ちょっとビビりだけど人懐こいルルちゃん(♂7才)がいます。

### アンティーク&カフェ
### garland(ガーランド)

埼玉県新座市野火止6-3-8
TEL 048-202-3010
営業時間:10:30〜18:00
定休日:月・火・日曜
(土曜が祝日の場合は休)
http://garland99.exblog.jp

四季折々の花が咲く
お庭でもお茶が飲めます。

ルルちゃんは、生後3か月の頃 友人宅からもらいました。かなりのビビリで、来た日は1日中 プリンターのうしろに隠れ、慣れるのに1週間ほどかかりました。ルルという名前がすでについていて、女の子っぽいので変えようかなと思いましたが、「ルルゥー」と呼ぶとこちらを向くので、そのままがいいねと家族で決めました。

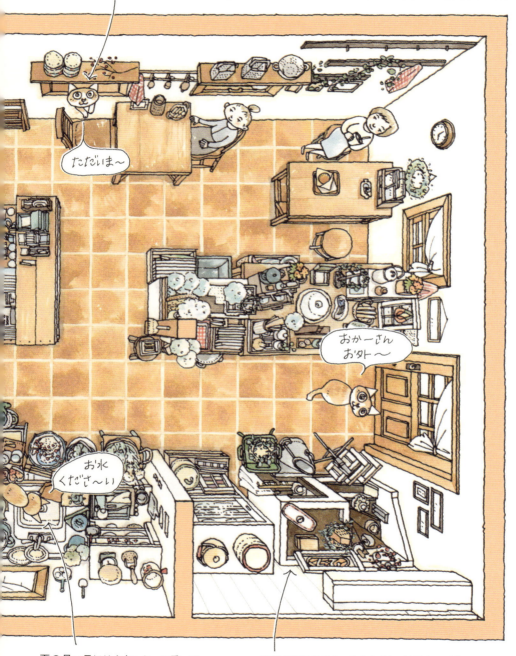

「庭のバラを見ながらお茶を」というお客さんのリクエストに応えて、昨年9月からカフェをオープン。木工の材料を入れていた納戸スペースをキッチンに。3か月かけて、戸棚やカウンターなど、水道・電気以外は全て手作りしました。

自宅スペースとお店のキッチンの間の窓枠にのぼってアピール。

← 自宅側から見た図。数cmの足場にしがみついているルルちゃん。

フライヤー。ここでマラサダ（ハワイの揚げパン）を揚げます。

ルルちゃんの外出は
お店の入口から。

おかーさん
おソトに出たいですー

↓

まずはしばらく様子を見たり
ゴロンゴロンして…
見まわりに出かけます。

←

さっ 行くぞ

家のまわりをひととおり
チェックすると帰ってくる
のですが…

ルルちゃんの
雑貨と素敵に暮らすアイディア

レースのカーテンは オーガンジーと綿ガーゼの2枚重ね。

2枚一緒でも
1枚だけ垂らしても。

光の明るさを
調整できます。

2枚を一緒に絞って
あひる口洗濯バサミで
とめているのニャ

小さなお花のプラスチック鉢も
オイルペーパーバッグに
入れると素敵なインテリアニャ

超ビビリのルルちゃんですが、
何故か掃除機で背中を
吸ってもらうのが大好き。
シャワーもドライヤーも平気!

アンティークのステンドグラスも
いろいろあります。
玄関に飾ったり
扉に組み込んだり。

おかーさんが作ったガーデニング小屋ニャンだ。ステンドグラスの窓をドアとして使っているんだニャ

フリフリパンジーは1日置いておくとこんな感じに。

庭に咲いた花をドライフラワーに。ストックやフリフリパンジーのいい香りが。他にも、ゆきやなぎ、オレガノ、あじさいなどをドライにします。

アイスバナナショコラ 420円。底のチョコと混ぜて飲んでね。

ふわふわもちっの食感がたまらないニャッ

注文を受けてから揚げるアツアツのマラサダ 180円。

イースト菌で発酵させたパンを油で揚げ、グラニュー糖＋シナモンパウダーをまぶしています。

マラサダはもともとはポルトガルのお菓子。移民とともにハワイに渡り、ハワイで広まりました。

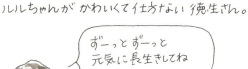
ルルちゃんがかわいくて仕方ない徳生さん。

ずーっとずーっと元気に長生きしてね ルル

# NISHIOGIKUBO

西荻窪

平成17年6月に開店した「古書にわとり文庫」。酉年だったので、かわいらしすぎず、ごつくない鳥の名前をと「にわとり」に。絵本、児童書、SF、昭和30年代くらいの探偵小説が充実しています。

## 古書 にわとり文庫

東京都杉並区西荻南3-17-5
TEL 03-3247-3054
営業時間：12:00頃〜20:00頃
定休日：火曜
http://niwatorib.exblog.jp

JR中央線西荻窪駅南口平和通りに西荻最凶猫と呼ばれるデコポン（♂6才）がいます。どんな子かって？「かわいい〜♡」と近づく人に「シャーシャーッ」とガンを飛ばし、しつこくさわろうものならガブリといついて離れない。今まで病院送りにした人は数知れず。それでも町の人が優しく気にかける不思議な魅力の持ち主です。

あん？
お客さん？

実は、デコポンの実家は果物店「中村屋」ですが、近所のいろいろなお店に出入りしています。中でも実家の隣「古書 にわとり文庫」に足繁く通っています。

初対面で
すごまれましたが…

田辺さんが
猫じゃらしを振ると
うれしそうに走り
まわっていました。

デコポンの大好きな猫じゃらし。
取材のために店長の田辺さんが
決死の覚悟で連れてきてくれました。

きっぱり！

危険ですので
店内のデコポンに
さわらないように
してくださいね！

お店の中で大の字になって
寝ているデコポン。
何も知らずにさわろうとする
お客さんに「危ないですから
やめた方が…」と
ハラハラドキドキの田辺夫妻。
猫嫌いなお客さんがお店で
本をじっくり眺めているところに
デコポンが来た時など、
「こちらから逃げてください」と
思わず出口に誘導して
しまったことも。

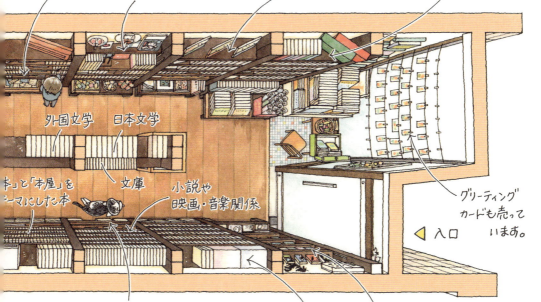

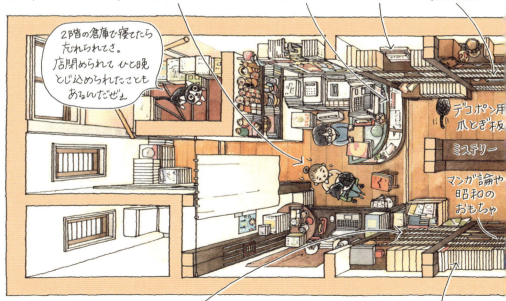

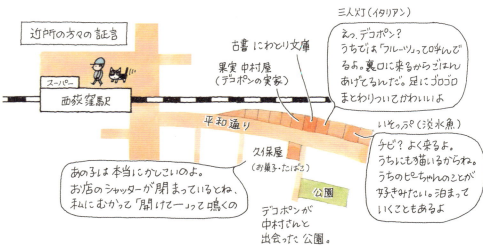

近所の方々の証言

スーパー 西荻窪駅

古書 にわとり文庫

果実 中村屋（デコポンの実家）

三人灯（イタリアン）
えっ、デコポン？うちでは「フルーツ」って呼んでるよ。裏口に来るからごはんあげてるんだ。足にゴロゴロまとわりついてかわいいよ

平和通り

久保屋（お菓子・たばこ）

公園
デコポンが中村さんと出会った公園。

いそっぷ（淡水魚）
チビ？よく来るよ。うちにも猫いるからね。うちのぴーちゃんのことが好きみたい。泊まっていくこともあるよ

あの子は本当にかしこいのよ。お店のシャッターが閉まっているとね、私にむかって「開けてー」って鳴くの

チビ〜

とーさん大好き

中村さんは「チビ」と呼んでいる。

6年前、果物店を営む中村さんは、公園にいたまだ生後1か月くらいの子猫を拾い育てました。来たばかりの頃、にわとり文庫の田辺さんが中村さんに「名前は？」と聞くと「まだつけてないよ」。ふと見ると「デコポン200円」の札の前のザルにちょこんと乗っていてかわいかったので、田辺さんが「デコポンにしたら」と提案しました。デコポンは中村さんが大好きで、驚くことに何をされてもおとなしくしています。最近のマイブームは尾行。なんと駅を越して北口のスーパーまでついていったそう。中村さんは、スーパーの中で初めてデコポンがついてきたことに気がついたそうです。

\* にわとり文庫自家目録の数々 \*

 目録は、こんな本を出してますっていう古本のカタログ販売リストなんだ。お得意さんに送るんだよ

猫の本は大人気。

絵本や児童書を主に取り扱っています。

ポプラ社の少年探偵やSFには特に力を入れて集めているそうです。

こけしや雑貨もあります

カータン にわとり文庫店員  カータンとデコポンの **古本講座**  デコポン

おい！かっぱー  　  失礼な！カータンだよ！

古本ってどうやって店に来るんだ？  　  えーと… 方法は2つあるんだって

①お客さんから買う　②市場\*で売買

\*市場…各古書店が集まって仕入れた本をお互いに交換する古本交換会。

 基本は本のリサイクルだから、本を売りたいお客さんから買うんだけど、店の個性に合う本が足りなかったり、在庫は1冊ずつが基本なのにダブってしまったりするんだ

そこで市場に行くんだよ。市場は古本の交換会。欲しい本を仕入れに行くと同時にお客さんから買った本を売る場でもあるんだって

※参加できるのは古書組合加盟店のみ。

 物々交換？　入札だよ！

 で、うちの店長くどうなの？　えーと… ×…□○×  店長

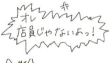
秘伝の液体。古書店ごとに中身が違う。
↓

本を買ったらまずクリーニングだよ。ほらデコポンもやって

 この液をつけた布でふくんだよ

オレ店員じゃないよっ！

 古い本は小口をハケで払う。

こわれたところは修理してから値段をつけるんだよ

# HIBARIGAOKA

ひばりヶ丘

**音楽カフェ
森のこみち**

東京都西東京市緑町3-4-7
TEL 042-468-9525
営業時間：14:00〜16:00
営業日：金〜日曜
※営業日以外は希望に
合わせてコンサートや
パーティーの貸切可
http://www.
morinokomichi.com

西東京いこいの森公園の入り口に、緑のとんがり屋根と黄色の外壁が印象的な音楽カフェ「森のこみち」があります。看板猫の小雪ちゃん（♀4才）がお店にやって来たのは2009年8月。世田谷の喫茶店で、あるNPO団体が里親探しの譲渡会を開くと聞いて、猫好きのママさんとマスターは「見るだけ」と出かけました。近づくとミャーミャー鳴いて寄ってくる子が多い中、ケージの隅におどおどした一番ひ弱そうなアメショ風の子猫がいました。目がとてもきれいで、マスターがひと目で気に入り譲り受けることに。ところが、お店に帰ってきてちょっと目を離したすきに姿が見えなくなってしまいました。もしかして外へ逃げてしまったのかと顔面蒼白になったふたり。落ち込んだ翌朝、どこからともなくミーミーと鳴く声が。一生懸命捜すと、キッチンの流しの下から出てきました。怖くて隠れたけれど、お腹が空いてがまんできなくなったようで、ママさんもマスターもホッと胸をなでおろしました。

小雪ちゃんがお店に来てからマスターがデザインした看板。

名前は帰りの車の中で決めました。日本風で3文字で人間の子供につけるような名前にしようと「小雪」になりました。

常連さんは、小雪ちゃんを見つけると話しかけます。

小雪ちゃんは最初、お店に出ていませんでした。ママさんやマスターと一緒にいたがったので、試しに出してみると意外と平気で、お客さんに「かわいいねぇ」となでてもらったりと、なかなかの接客上手。こうして小雪ちゃんは看板猫になりました。小雪ちゃんの定位置はグランドピアノの上。ママさんの弾くピアノが大好き。うっとり聴いています。

お店の入口は、乳母車や車椅子でも入れるようにバリアフリーです。

3年前にお店をリニューアルした際、グランドピアノを置きました。ママさんの「みんなで音楽を楽しみたい」という願いからです。

小雪ちゃんはピアノの上が大好き。散歩から帰ると一直線にピアノへ。ひととおり体をなめると外を眺めながらお昼寝します。素直で優しくおっとりタイプの小雪ちゃん。お客さんに「抱っこしてもいいですか?」と聞かれ、ママさんが「いいですよ」と答えると、ピアノの上でくつろいでいる時でも静かに抱っこされます。ただ、お店で爪とぎは絶対しないのですが、ママさんのベッドや母屋の椅子や壁はボロボロだそうです。

土、日には小雪ちゃんに会いに来るお客さんも多いので、

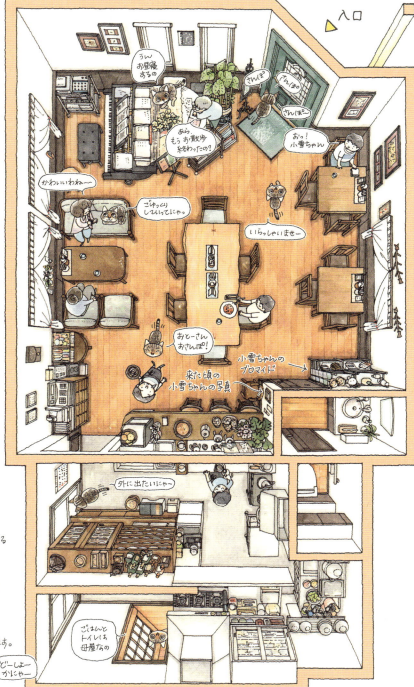

「土日はお散歩がまんしてね——」
とママさんは小雪ちゃんにお願いしています。

「どーしよーかにゃー」

閉じこめておくのもかわいそうなので、外に出してあげることにしました。ところが、3日間帰らなかったことがあり、その時、怖いことがあったのか、それ以来 遠出はしなくなりました。

以前は、ママさんのお母さんがリードをつけてお散歩していましたが…網戸を開けることを覚えてしまったうえに、お店の扉の開く時に脱走をくり返すように。

ひとしきりチェックが終わるととうちゃんとの待ち合わせ場所へ。

タナカトラです
近所に住む年下のボーイフレンド。

犬猿の仲のクロ

追いかけまわすからキライにゃ！

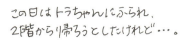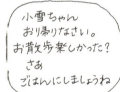

小雪ちゃんのブロマイド。(イキになる前くらい)
売り上げは、小雪ちゃんをもらったNPO団体へ。
子猫の頃は、グレーのアメショ風でしたが、大きくなるにつれて
毛色が変化。今ではグレーの部分が赤茶色になりました。
赤ちゃんが大好きで、
乳母車で来たりすると
自分から寄って
いくそうです。

お客さんが撮ってくれた
お店に来た頃(生後3か月)の
小雪ちゃん。

小雪ちゃんの宝物。
いろいろくっついた猫じゃらし。
遊んでほしいと
持ってくるそうです。

またたびの木。カジカジしすぎて
木肌がめくれちゃいました。

なす、ピーマン、ソーセージや玉ネギ入りの
ナポリタン(サラダ付き)650円。

おいしさの秘密は、
友人の作ったトマトソース。

脱サラして長野で農家を
始めた友人の畑でとれた
無農薬トマトで
作られています。

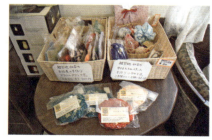

東日本大震災の被災地・仙台の人たちの
手作り小物を販売。アクリルタワシには
作った方からの一言がそえられています。

「My one and Only Love」など
3曲を楽しく弾く男性。

年2回のジャズコンサートをはじめ
お店主催のイベントがいっぱい

第4日曜日 15:00～16:00は「音楽の広場」。
演奏したい人、歌いたい人、聴きたい人が
みんなで音楽を楽しみます。

ラフマニノフの「鐘」を弾く男性。
小雪ちゃん、爆睡しています。

第2金曜日 14:00～16:00は「歌の広場」。
童謡、叙情歌からポップスまで、リクエストに
応じて30曲ほどみんなで歌います。

輪唱とか
すごく楽しかったよ～

ママさんが習っている
篠笛を披露。
小雪ちゃん、篠笛が
始まると、何故か
逃げていきます。

参加者の伴奏でみんなで歌います。

小雪に認められたら一人前だね
とマスター。

「毎回、どんな広場になるかワクワクなの。
初めて会う人とも楽しめる。
それが音楽の力なのよ」とママさん。

# MINAMIAOYAMA

南青山

東京メトロ銀座線・半蔵門線・千代田線の表参道駅から徒歩5分。接客上手なうめたん（♀5才）のいる靴修理店「COBBLER NEXT DOOR」(近所の靴修理職人)があります。オーナーご夫妻のMASAさんとIZUMIさんが散歩中に寄った公園で、うめたんは美しい三毛猫母さんと5匹の兄弟と一緒に暮らしていました。人懐こく走り寄ってくるその鼻が赤く梅干しのようで、「うめ」と名づけました。そんなある日、保健所が公園に捕獲檻を設置。慌てて捜しまわると、うめたんが駆け寄ってきました。他の子はみんな逃げたようだったので、うめたんを保護しました。

シューリペアショップ
## COBBLER NEXT DOOR

東京都港区南青山3-5-3 2F
TEL03-3402-1977
営業時間：
月〜木曜12:00〜20:00
土・日曜・祝日12:00〜18:00
定休日：金曜
http://london-cobbler.com

ユニオンジャックの旗とかわいい猫の看板が目印。看板の絵はMASAさんが描いたもの。うめたんと以前飼っていた2匹の猫がモデル。

工房の機械はイギリスから取り寄せたもの。メンテも自分でできるよう勉強したそうです。

修理を待つ靴たち。

ストレッチャー
きつい靴を伸ばす機械。

いつもここで寝ています。

ごはんは机の下で。

今日はブーツを持ってきたの？

じゃ、ちょっと拝見させてくださいね

うん ソールの交換にね

入口にいることも

インテリアはうめたんに合わせて黒白が基調。家具や小物はイギリスのアンティーク。

100〜200年前のサンプルブーツや靴が並んでいます。

入口

うめたんが出勤時に
入ってくるリュックサック。
(最大積載量 6Kgまで)

残業で遅くなる時など、早く家に帰り
たいと自分で入って待っていることも。

いらっしゃい
ませー

人懐こくて
おしゃべりな
うめたん。

「COBBLER NEXT DOOR」にはもう1匹、二ツ星こぶきよくん(♂3才)
がいます。生後数日の赤ちゃんだった頃、原宿の草むらで鳴いていたところ
を保護。ブーツに入るくらい小さかったのに、現在7kgの巨漢に。中型犬と
間違われるほどに育ちました。名前は胸に星のような白い模様が2か所ある
ので二ツ星、「COBBLER」の「COBB」とMASAKIYOさんのKIYOから二
ツ星こぶきよに。リュックが壊れるといけないので、今は家でお留守番です。

プレス　ソールやヒールを
接着した時プレスする機械。

フィニッシャー　イギリスのCOBBLERたちに「Baby」と呼ばれている一番大切な機械。
カッティング、ブラッシング、トリミングなどブーツや靴を仕上げていく機械です。

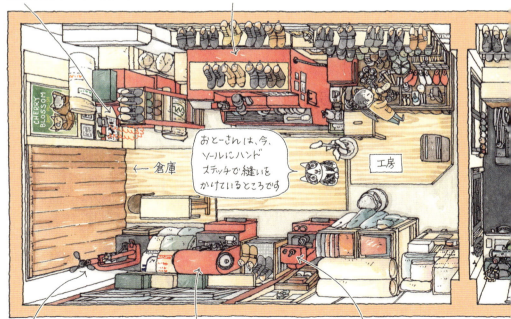

← 倉庫

おとーさんは、今、
ソールにハンド
ステッチで縫いを
かけているところです

工房

アタッチングマシーン
レディースのハイヒールを取りつける機械。

グッドイヤーステッチマシーン
グッドイヤー製法の時に使うミシン。

マッケイステッチマシーン
マッケイ製法の時に使うミシン。

イギリスでは小学校に職業紹介のポスターが飾られていて、パン屋さんなどと並んで「COBBLER」(靴修理職人)があります。子供でもお店に靴を持っていき、リペア(修理)してもらうのが一般的だそうです。ロンドンのシューリペアショップ(靴修理店)で6年間、日本人で初めて「COBBLER」の修業をしたMASAさん。2010年の開業以来、イギリスものを中心にフランス、イタリア製ブーツ&シューズなどを修理しています。

修業時代に使っていたものやイギリスから取り寄せた道具の数々。部品や道具の種類の多さにびっくり。

おとーさん お疲れ様です

道具のお話をすごくお聞きしたかったのですが、専門用語が多く理解するのに10年くらいかかると思い断念いたしました

バイカーブーツの
アウトソール交換を
相談中のお客様。

あっ
お客様だ！

いらっしゃい
ませ〜♥

あ…髪短いや…

お客様の話をじっくり聞くMASAさん。
すごく履きこんだ靴でも、最善の方法を
一緒に考えてリペアしていきます。

うめたんはイケメンが大好き。
お父さん似のサラサラ長い髪の
男性が特に好きです。

あのね！　あのね！

おかーさん
大好きー♥

ばんざ――い
が得意です。

はい！
うめたーん

甘えん坊の
うめたん。
以前は毎日
出勤していたのですが、
甘えてばかりで
仕事に支障をきたすので、
現在は土曜日のみ出勤しています。

うめこぶの リペア講座

あり゛ゃー
こぶきよくん

うめたん

今回のお客様は、バイカーブーツ（フランクトーマスのヴィンテージ）のアウトソール（靴底）が経年劣化ではがれてしまいました

このブーツはセメンテッド製法（接着剤で圧着する）ですが、経年劣化によって再接着は無理と判断。マッケイ製法（縫いをかける）で修理します。

アッパー（本体）

↓

カチカチに硬くなってしまったフットベッド（足が直接のっている部分）を取り出し新しいものと交換。シャンク（人間でいうと背骨）をつけます。

シャンク

マッケイウェルト

↓

その上にコルクを敷き詰め直し、マッケイウェルトをつけます。

↓

ラバーミッドソールをつけます。
※ ウェルトとミッドソールは、アウトソールを圧着するために必要な部品です。

↓

マッケイステッチマシーンでアッパー、フットベッド、ミッドソールに縫いをかけます。

↓

62

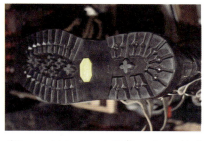

新しいアウトソールを圧着し、ヒール部分などをネイル(釘)で固定します。

出来上がり！

次回からはヒール交換、ソール全体が減った時はアウトソールの交換だけで済むね

分解したらこうなりました

こちらのお客様はフットベッドが真っぷたつに折れたそうです。分解して新しくフットベッドを作り、周りのエナメルも新しく巻き直して再構築したの

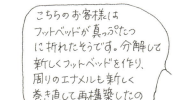

靴はここまで修理できるのかと衝撃でした。また、直して履くイギリスの文化との違いを痛感しました

靴は適切なお手入れとリペアで長持ちしますよー

（写真提供：COBBLER NEXT DOOR）

# TAKANODAI

鷹の台

**アンティーク・ブロカント**
## プチミュゼ

東京都小平市上水新町2-1-5
TEL 042-346-5723
営業時間：11:00〜18:00
営業日：木・金・土曜
※他の曜日は予約制
http://www.petit-musee.com

緑が楽しめる
かわいい外観。

西武国分寺線鷹の台駅から玉川上水沿いを歩いて20分。フランスの古い紙やレースを中心に、オーナーの久保木さんが大好きな雑貨や文房具を置く「プチミュゼ」(フランス語で「小さな美術館」)があります。小さい頃から猫は怖いものと思っていたので、飼うなんて思いもしなかった久保木さんをメロメロの親バカにしてしまったのは、看板猫のギタールくんとシャンソンくん。彼らは生後2週間の頃、知人が保護した捨て猫でした。あまりのかわいらしさに1週間悩んでもらうことを決めましたが、初めは触れることはおろか、どう接していいかも分からなかったといいます。ダンボール箱に入れて家に連れて帰ると、キジ白の子猫が飛び出してきたのでびっくり!「ど、どうしよう、何をするんだろう」と慌てていると、その子猫が久保木さんの膝にしがみついてきました。小さな命の必死な姿に感動したそうです。もう1匹の茶白は箱の中からその様子をじっと見ていました。やがて2匹とも安心した顔になり、箱の中で抱き合って眠りました。

保護直後、
獣医さんの所に
一時預かりされて
いた頃の2匹。
せっかくお家を2つ
作ってもらったのに、
いつも一緒に
くっついて
寝ていたそうです。

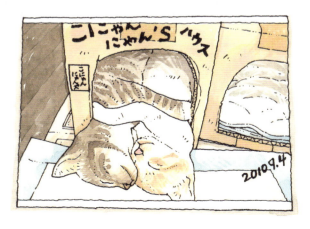

かしこくて繊細。
シャンソンくんが
悲鳴を上げると
どこからでも
飛んでくる
優しい
お兄ちゃんの
ギタールくん。
(♂3才
愛称
ギギくん)

奔放で
大らか
人なつこい
シャンソンくん。
(♂3才
愛称
シャンくん)

フランス雑貨を扱っているので、名前はフランス語で対になる言葉がいいなぁと、ギタール(ギター)とシャンソン(歌)になりました。来た時、ギタールくん500g、シャンソンくん400g。100gの差か、階段を上れるようになるのも何をするのもギタールくんの方が先でした。「今は、かわいくてかわいくて。落ち込んでいる時とか、交替でぴったり寄り添ってくれる。すごく頼りにしているんです。来てくれて本当にありがとうという気持ちでいっぱい。驚きと感激の毎日です」と、久保木さん。

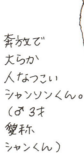

お店が開くとさっそく入口にやって来て
お客様を待ちます。
2匹でくんずほぐれつのプロレスごっこが大好き。
お陰で獣医さんに「人間に育てられたとは
思えないたくましい筋肉の持ち主」と
言われています。

夕方、近所のワンちゃんたちが
散歩の途中立ち寄ります。
「ほら、来たよー」と声をかけると、自宅から
走ってきて網戸越しに一発攻撃！

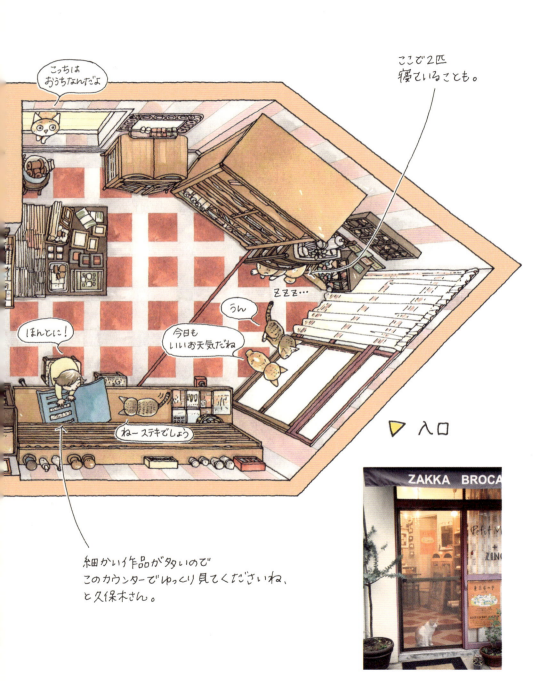

フランスのヴィンテージアクセサリー。

シャンくんは
リボンが大好き。

ポストカード。下の収納には
ボタンなどの手芸材料が。

元本棚の立派なショーケースには、
特に古い紙ものが。

2匹の
お気に入りの場所。

引出しの中には、古い紙箱や紙袋がいっぱい。
まるで宝物探しのようでワクワクします。

シャンくんとギギくんは、
午前中と夕方、よくお店に出ています。
この日は自宅でお昼寝していたシャンくん。
小さなお友だちが会いに来てくれたので、
お気に入りのボウルに入ったままで出てきました。
近所に住む小学生のちかちゃんとみっちゃん。
とても優しく接してくれます。

かわいい〜♡
シャンく〜ん

2匹ともかんだり引っかいたり
することはありません。

えっ…なに？なに？

シャンくんは好奇心旺盛。

ギギくんのお気に入りは
お店の本棚ショーケースの上。

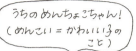

うちのめんちょこちゃん！
（めんこい＝かわいい子の
こと）

久保木さんになでてもらってうっとり。

と、そこへ やしおり ここが
お気に入りのシャンくんが…。

場所を譲るギギくん。
どこまでも優しいお兄ちゃんです。

「スターン」の作品は
上質な紙に手作業に
よる高品質な技法で
エンボスや箔などの
装飾がなされています。
その美しさにうっとり。

1900年8月8日に開かれた
パーティーのメニュー。

## 「プチミュゼ」はフランスの古い紙とレースの小さな雑貨店

久保木さんがフランスの古い紙ものに惹かれたきっかけは、パリのアンティーク市の隅っこでランプシェードを売っていたおじさんとの出会いでした。そこでもらった領収書の美しさにびっくり。おじさんの紙ものコレクションを見せてもらうことに。かつてパリのパッサージュ・デ・パノラマ※にあった1830年創業彫版印刷の老舗「スターン・グラヴュール」。おじさんはそこの顧客で2009年に「スターン」のオーナーが代わり移転する際、在庫や見本・版や什器まで譲り受けたのでした。

※パッサージュ・デ・パノラマ…19世紀につくられたガラス屋根のアーケードショッピング街。

封筒や便箋、カードの
イニシャル飾り文字。

19世紀後半の
上流階級マダムが
読んでいたおしゃれ
新聞なんだって。
当時流行したファッション
や髪型など
イラスト付きでのっているよ

当時は、規格サイズが
なくて、製品ごとに
大きさが違ったんだって

1920年代の
便箋セット。

これは
「ジャン・グルデサル(デパート)」
オリジナル。ちょっと東洋風
のイラストがおしゃれだね

この固形インク、
旅先で手紙を
書く時、水を
たらせば
インクになるんだよ

70

手作りの
レース見本帖で、
ゆっくり見て
買うことが
できます。

1910年代のレースや布。

お城が売りに出されると、このような品物が出るんだって

僕たちが来てから猫もののアンティークポストカードやアクセサリーが増えたんだよ

僕たちをモチーフにした江戸本染め手ぬぐいも作ってもらったんだ。「ヒルトヨル」っていうの

プチミュゼでは、久保木さんのご主人が自家焙煎するコーヒー豆を販売しています。その名は「ZINC」。フランス語の「zinc」からきています。フランス人は、カフェやバーの「ザン」と呼ばれるカウンターで立ち飲みします。「ザン」とは亜鉛のことで、カフェのカウンターに亜鉛板を貼っていたことに由来します。「ザン」のあるカフェガイドブックがあるほどです。

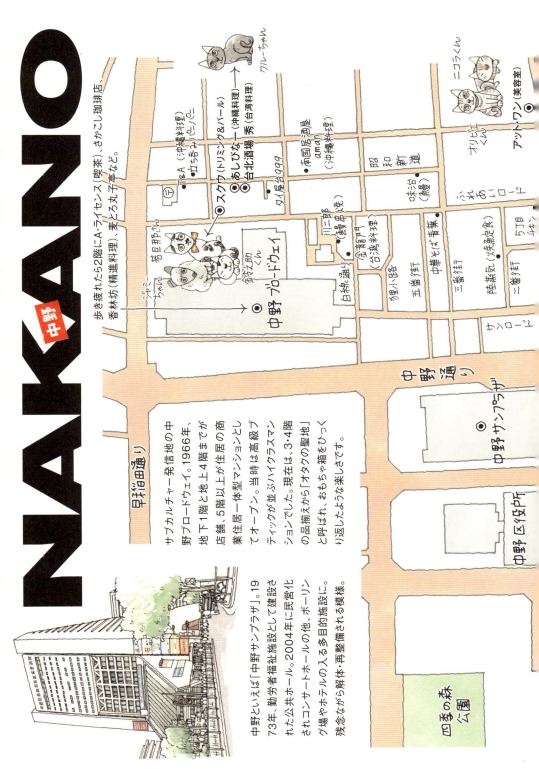

# NAKANO 中野

**フラワーショップ
花月**

東京都中野区中野3-35-2
TEL 03-3381-9306
営業時間:月〜土曜10:00〜20:00
日曜・祝日10:00〜18:00
定休日:年始
http://www.flower-kagetsu.jp

季節のお花が
並んでいます。
選ぶのに迷ったら
相談してね。

近くに劇場があるので、スタンドも作ります。
スタンド…開店祝いやライブ・イベントでロビーを飾る大きなお花。

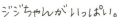
ジジちゃんがいっぱい。

JR中央線中野駅南口から徒歩3分。
生産地や生産者にこだわった花を置く
「フラワーショップ花月」では、
黒猫ジジちゃん(♀3才)が
毎日お店番をしています。

お気に入りの寝床。
内側は爪とぎになっています。

吉祥寺で保護され、お向かいの中川さんの紹介で獣医さんからもらうことに。
名前はもちろん映画「魔女の宅急便」の黒猫ジジから。
生後2か月くらいでお店に来ましたが、初めから物おじせず、接客に励んでいます。

素敵な首輪はお客さんからのいただきもの。

おとーさん お花はいかがですか？

人が大好きなジジちゃん。
店先にちょこんと座って通りを眺めています。
「人が気になって
『こっち向いて こっち向いて、
私に気がついて！』って
思っているのよ きっと」
とお母さん。

ジジちゃんは、お店のお花に絶対手をふれません。植木鉢の間もうまく歩きます。

ジジちゃんの爪切り担当は、近所のスタジオでフラメンコを教えている先生。かばんの中に爪切りをいつも入れていて、お店に来るとパパパッと切ってしまいます。

やめてほしいんだよねーあのおねーさん

近所の人たちが「ジジちゃん元気ー？」と様子を見に来て、まるで下町のような雰囲気。

ジジー散歩に行く？

café Jam のママさん

フラワーキーパー（冷蔵庫）の中には、ひまわり、トルコキキョウ、ユリ、バラ、カーネーション、アスターなど。

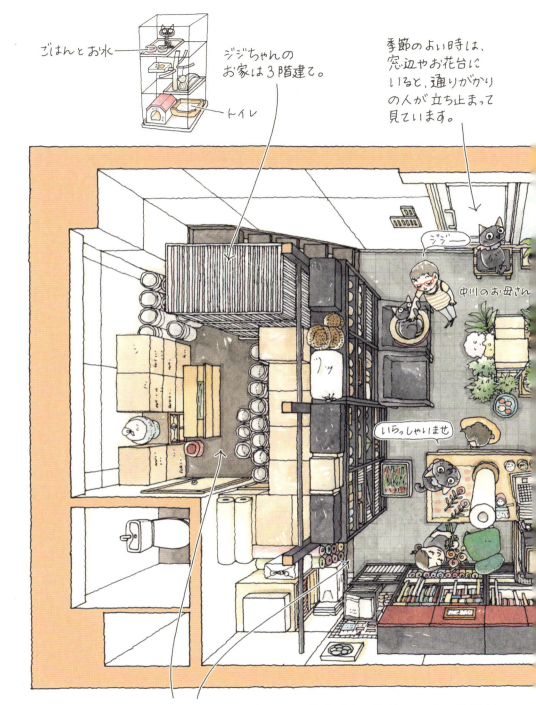

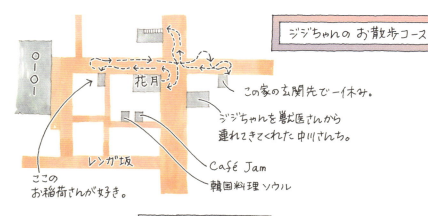

ジジちゃんのお散歩コース

この家の玄関先で一休み。

ジジちゃんを獣医さんから連れてきてくれた中川さんち。

Café Jam
韓国料理 ソウル

ここのお稲荷さんが好き。

ジジちゃんのお友だち　　中川さんちの3匹

まさお（♀)
韓国料理「ソウル」のママが、オスかメスかわからず、「まさおー」と呼んだところからついた名前。
どう見ても三毛猫。

けんなおこ（♂)
男なのだが研ナオコに似ているからこの名前に。

とらちゃん（♂5才）
ななちゃん（♀3才）

猫との仲はビミョーなジジちゃん。
はなちゃんのことが大好き。

トイプーとシュナウザーとのMixのはなちゃん（♀4才）

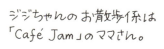

ジジちゃんのお散歩係は「Café Jam」のママさん。

> お花屋さんの開店までの仕事

① 切り花は月・水・金、鉢物は火・土に市場に行きます。

 まずセリに参加します。※セリには買参権が必要です。
お花は高値から値が下がるから「下がりゼリ」って言うの。
どうしても欲しい花は早め(高め)で落としたり、
予約するのよ。市場にある仲卸も利用します

② 市場から帰ったら
花が水を吸い上げ
やすいように水揚げ
します。方法はいろいろ。

水切り

水折り

 菊など

湯揚げ

花に湯気が
かからないように
新聞紙でくるむ。

1回切った後に
深さ1cmくらいの熱湯に
10秒ほどつける。

その後お水に。
バラ、ストックなど。

この子は
うちに来るために
生まれてきたのよ。
みんながジジに
いやされているの

お母さんと一緒!

## トリミング&バール
## スクウ

東京都中野区中野5-53-5 2F
※バール営業は終了
※新店舗準備中
http://xxxskuu.
wixsite.com/skuu

犬のトリミングサロン兼、お茶を飲みながら保護犬・猫とふれあえるトリミング&バール「スクウ」。トリマーとドッグトレーナーの資格を持つ永久(とわ)さんと燈灯(とうと)さんが、2009年から始めた動物保護活動の一環として2011年に開店しました。保護された野良猫や、保健所から引き取った犬や猫が、日替わりで出勤しています。ここで人に慣れてもらったり里親になってもらったりします。

看板猫の若旦那さんは、湘南で保護された時、その模様から「はんにゃ」と呼ばれていて、縁あって家族になりました。当時大学生だった燈灯さんが大学に連れていき、一緒に授業を受けたり、キャンパスでフリマがあれば、かごに入れて自分の横に置き1ハグ100円でみんなに抱っこしてもらったり。そのおかげで人懐こい子になりました。また、永久さんが犬のしつけをしてしまったので、「待て」と言われれば「よし」と言うまでごはんを食べません。

「スクウ」の看板猫でボスの若旦那さん(♂ 6才)。

この日の看板猫・鈴之助くん(♂ 推定6才)。

まるでダルメシアンのような柄。

里親募集でなかなか認めてもらえない単身者、シングル家庭、セクシュアルマイノリティの人でも、猫や犬のために最高の幸せをくれる人はいるはず。そのひとその人の大切にする気持ちを大事にして、なんでも相談しやすい環境を作るよう努力しています

永久さんと一緒に。

仲良く写真撮影。長びくにつれビミョーな空気がふたりの間に…

若旦那さん。一度見たら忘れられない柄です。→

← ジャミーちゃん（♀イキ）。雑種の保護犬。

お店の名前は、沖縄の言葉で「遊び庭」(「遊び場」とか「広場」のこと)と書きます。沖縄出身の金城吉春さんが作る本格的な沖縄料理を楽しめます。
2014年6月、お客さんが母猫に死なれた乳飲み子3匹を発見。「あしびなー」に運び込みました。生後5日くらいで体重は100gくらいしかなかったそうです。2軒隣の「台北酒場 秀」(ここにも猫が2匹いるらしい!)のママさんの厚意で、「秀」の2階で育てることに。

### 沖縄料理
### あしびなー

東京都中野区中野5-53-9 2F
TEL 03-3389-7810
営業時間:17:30〜24:00
定休日:火曜

中野の北口には昭和の雰囲気漂う飲み屋さんが並ぶ路地があります。そのひとつ昭和新道を歩いていると…

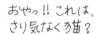

おやっ!! これは、さり気なく♂猫?

クルーちゃん (♂1才半)。

クルマヤー
黒い猫(沖縄の言葉で「黒」は「クル」、「猫」は「マヤー」から)「クルー」に。

哺乳瓶でミルクを飲もうとしないため、獣医さんの指導により、2～3時間おきにカテーテルを胃まで入れてシリンジでミルクを送り込みました。子猫が嫌がって大暴れするので、最初は大人3人でてんやわんやだったそう。しかし2匹はあえなく天国へ。残った子猫・クルーちゃんの体重が500gを過ぎた頃、ホッとしたそうです。

初日、スポイトでミルクを飲ませる金城さん。

クルーちゃんの寝床は屋根裏にあります。梯子を器用に登り降りします。

ぷふぁ～

生後1か月くらい、ちょっと落ち着いた頃のクルーちゃん。おなかがミルクでパンパン。

あの頃は大変でしたが、カテーテルも慣れたら最後は1人で出来るようになりましたよ

クルーちゃんがかわいくてかわいくて仕方ないスタッフの蔵持さん。クルーちゃんも蔵持さんが大好き。くっついて甘えてばかりいます。

この写真は、初代で看板猫なゆたくん。

「あしびなー」にはなゆたくん（2代目）という先住猫がいました。クルーちゃんのことをかわいがって面倒をよく見てくれていたのですが、今年の1月散歩に出たまま帰ってきませんでした。金城さんもスタッフも常連さんたちもなゆたくんの帰りを待っています。

ランチのゴーヤー定食800円。ゴーヤーチャンプルー＋小鉢＋ライス＋汁もの。

ゴーヤーたっぷり！ゴーヤーの苦みと、卵と豚肉、豆腐の優しい甘味が絶妙にあうのです。

沖縄ではお祝い事があると、女性が集まってたくさんのお料理を作ります。その先頭にたって料理をしていた金城さんのお母さん。お母さん仕込みのお料理が味わえる店内は、おばあの家に来たような心地良さ。

チャランケ祭（沖縄とアイヌの踊りを中心にした祭）：店主の金城さんとアイヌ出身の広尾さんが出会い、北と南に離れているのに「チャランケ」という同じ言葉があるのを発見、1994年「チャランケ祭」を立ち上げました。「チャランケ」とは、アイヌ語で「とことん話し合う」、沖縄の言葉で「消えるなよぉー」の意味。毎年11月初め中野で行われ、2015年は11月7日（土）、8日（日）に中野・四季の森公園で開催されました。

アイヌの大切な儀式・カムイノミ

「あしびなー」では月1〜2回の割合で様々な音楽ライブを開催しています。この夜は知念良吉さんのライブがありました。リハーサル中、金城さんの三線と知念さんのギター＆ボーカルに聴き入るクルーちゃん。

# KAWAGUCHI

川口(埼玉)

## カフェ・ド・アクタ

埼玉県川口市栄町2-8-4
TEL 048-253-7555
営業時間：12:00～19:00
定休日：月・火・第2・4日曜

JR京浜東北線川口駅東口から歩いて10分ほどの住宅街に、隠れ家のような喫茶店「カフェ・ド・アクタ」があります。扉を開けて一歩中に入ると、明るいママさんと人懐こい黒猫ネロくん(♂3才)が迎えてくれます。

↑
リードをつけて、なわばりチェックする ネロくん。

ネロくんは、都内の公園にキジトラの子猫と一緒に捨てられていました。ボランティアさんに保護された時、お腹から腸が出ていて、病院で手術。なんとか一命をとりとめました。里親探しの電話が入った時、ママさんは「キジトラの子猫はべっぴんさんだというし、もらい手がきっと見つかるわね。手術跡があったらなかなか見つからないでしょうから、ぜひその黒猫をうちに」とネロくんを引き取ることを決めました。すでに生後半年ほどになっていましたが、入院中にしつけられていて、トイレは1回で覚え、人間大好きで来た日のうちにお店にも慣れたそうです。ちなみに、「ネロ」とはイタリア語で「黒」の意味です。

「おみやげいっぱい
つけて――
今、とってあげるね」
と常連さん。

「くるしゅうないよきにはからえ」

ときどき脱走するネロくん。この日も2時間ほど帰ってきませんでした。お店のまわりをグルグル走りまわっているだけとはいえ、「帰ってくるまで心配よ～」とママさん。

## ▽入口

こっちは自宅なの

先代看板猫のメイちゃん

看板

お店の外にあるネロくんの別宅

結びセット
おむすび 3コで750円
2コで700円

コーヒーカップもコースターも猫ものが多いです。

- お麩と玉ネギのいため煮
- たかきびの肉じゃが風
- 大豆をにんにくとしょう油で味つけ
- 甘くておいしいさつまいものコロッケ
- プルーンの紅茶漬け
- 雑穀スープ
- のり

おばんざいは日替わりです。

黒米入り玄米おむすび。お好みでゴマをかけてね。

（食事は数量限定なのでなくなり次第終了です。）

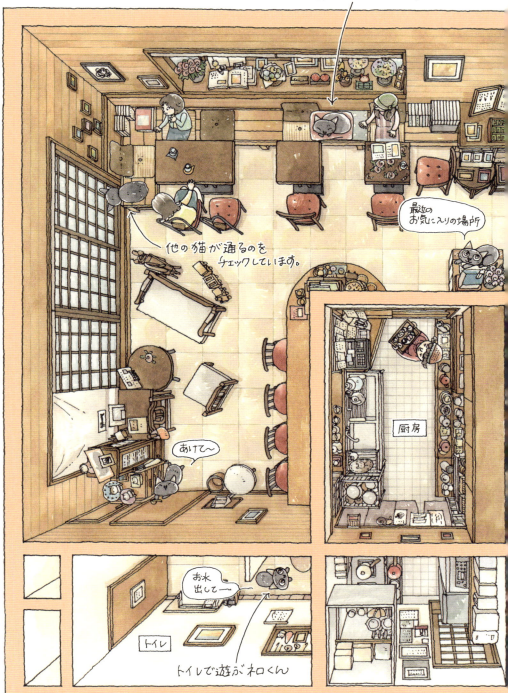

### ネロくんのマイブーム

脱走防止のため、ネロくんは お店の中でも リードをつけています。唯一リードをはずしてもらう のは、自宅に トイレと ごはんで戻る時です。

「おか〜さん！ トイレに行きたいです」

と言うと、リードを はずしてもらい、 自宅に入ります。

もう少しで ドアを開けられる ようになるかも！

「あけて〜」

トイレやごはんが済んで お店に戻ってくるその瞬間！ ネロくんはママさんの手をすりぬけて 一目散にお店のトイレのドアの前へ。

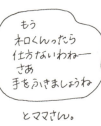

「もう ネロくんったら 仕方ないわねー さあ 手をふきましょうね」

とママさん。

「もういちど〜」

人間は大好きだけど
猫にはシビアなネロくん。
野良が庭を横切ろうものなら、
すっ飛んで行って
にらみをきかせます。

ネロくんは、ママさんのお孫さんたちと
兄弟のように一緒に育ちました。
だから子供も大好きなのです。

# WASEDA 早稲田

**アトリエ・カフェ
トリトリノキ**

東京都新宿区西早稲田3-17-23
※お店は閉店しましたが、
現在下記で活動中です。
●菜食菓子店 ミトラカルナ
Twitter @choco_mon
HP http://www.mitorakaruna.com
●創作 poonaykasha
Instagram poonaykasha

お店は 都電荒川線面影橋駅
(池袋方面行き)のホームそばにあります。

春には神田川沿いの桜並木が美しい面影橋のたもとに、姉妹でこっそり営むアトリエ・カフェ「トリトリノキ」はあります。好きな音楽、好きな古道具、好きな器や雑貨に囲まれて、体に優しくおいしいものを作っているこのお店には、ふぅちゃんがいます。

ふぅちゃん(♀3才)。生後2、3か月の頃、里親さんが見つかるまで一時預かるはずが、そのかわいらしさにそのまま家の子に。預かった日にすぐ、ひとの家のトイレを平気で使った強者。おなかが風船のようにまんまるだったので、ふぅちゃんと名づけました。後から来たのに、先住猫に体をなめさせ、頭突きで他の子を押しのけ、ごはんをひとりじめする女王様です。

お店に来れば、自分だけをかわいがってもらえる、おいしい缶詰をひとりじめできる、と学習してしまったふぅちゃん。

ふぅちゃんがお店に出ていると、初めてのお客さまが、「あ、うちにも猫がいるんですよ」と話しかけてくれて会話になり、お客さまとの距離がぐんと縮まるようで楽しいですよ

「フーッ フーッ」とよく言うので「それでふぅちゃんですか？」と聞かれます

お菓子とパン担当のお姉さん。

アートディレクターでお料理担当の妹さん。

自宅には ビビリーズが います

あむちゃん（♂3才）。甘えん坊のオトメンで、三度のごはんより遊ぶのが好き。キビちゃんが大好きでくっついてばかり。他の子がお皿の外に食べ散らかしたごはんを丁寧に食べたり、他の子がトイレのうんちを隠さないと、すぐ行って砂をかけたりとキレイ好きです。とっても臆病なので、はなから看板猫にはなれないと判断されました。

キビちゃん（♂4才）。里親募集でもらいました。名前は、黄色いのでキビダンゴから。食いしん坊でごはんに関してはふぅちゃんのライバル。最初、キビちゃんをお店に連れていきましたが、肉球にびっしょり汗をかいてカウンターの下にずっと隠れてしまうほどのビビリで、看板猫の適正ゼロと判断。

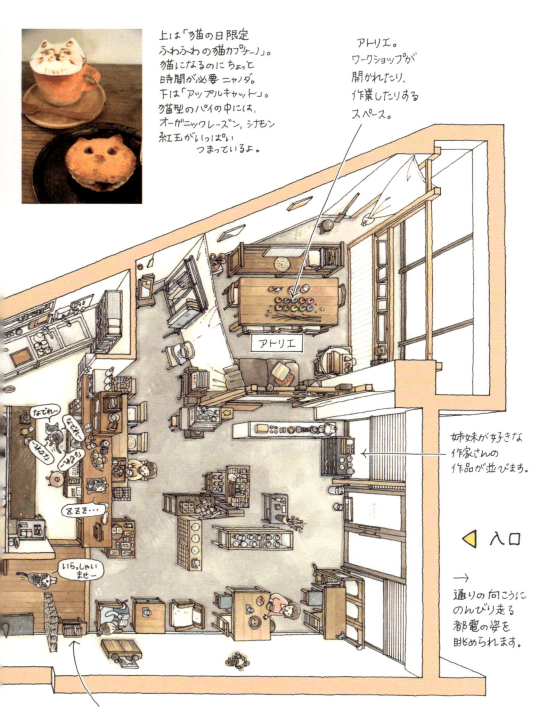

「トリトリノキ」の「猫の日」!!
毎月22日前後3〜4日間、猫をモチーフにしたケーキやごはんメニューが楽しめるの。

※お菓子は卵、乳製品を使っていないものが中心です。

妹さん製作の猫雑貨もあります。
「ふうちゃんの肉球フェルト」

「猫のサバラン」

「南瓜(かぼちゃ)のケーキとキャットミルフィーユ」

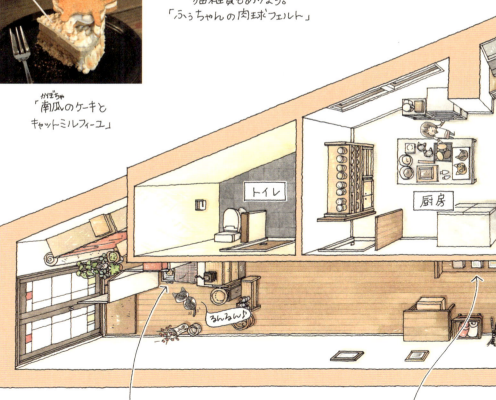

ふうちゃんのトイレ。　雑誌・暮らしの手帖。暮らしのヒントがいっぱい。

ふぅちゃんの出勤日は、基本的に「トリトリノキ」の「猫の日」です。

ふぅちゃん出勤！

ふぅちゃんはお店に来ると、まず走りまわって暴れて、大好きな缶詰をもらえるまで騒いでいます。この時点でお客さんがなでようとすると、「シャーッシャーッ」「フーッフーッ」（あたし、そんな軽い女じゃないわよ！）と言われます。

気まぐれですが、「あたしも連れてってー」と行く気満々で自宅の玄関までついてきた日も、出勤することがあります。

一気食いしてまるっと吐くことがあるので、ちょっとずっちょっとずっ。

ごはんでおなかがいっぱいになると、今度はなでろと催促！

なでれ〜
なでれ〜
なでれ〜
なでれ〜
なでれ〜

# KOIWA 小岩

**ピザ・スパゲティ ボローニア**

東京都江戸川区南小岩8-13-10
TEL 03-3650-0376
営業時間：11:30〜13:50／17:00〜19:50
定休日：火曜
※現在、お店に猫はいません。

近所の居酒屋「きみちゃん」のモナカちゃん(♂6才)がたまに来ています。

JR総武線小岩駅南口から歩いて5分。ふわふわで人懐こい看板猫クーちゃん(♂14才)のいるピザ・スパゲティ「ボローニア」があります。小岩に開店して40年。お店の名前はボロネーゼソース(ミートソース)発祥の地、イタリアのボローニャから。クーちゃんは、11年ほど前のある日、お店の前に現れました。近づくと逃げていきましたが、翌日には「僕はこの家の子になるんだ」と決意したようで、キッチンに入ってきました。それならと、外のロッカーを寝床にしてあげたり、店先にダンボール箱で家を作ったりしましたが、そのうちお店の中に泊まるようになりました。

トレードマークのゴールドチェーンの首輪はマスターの手作り。

ふわふわの毛並みによく似合っています。

大好きなマスターに抱っこされるクーちゃん。

「クーちゃん、長生きするんだよ」

と、クーちゃんにメロメロなマスター。

そこで3階の自宅で飼おうとしましたが、先住猫のミーちゃんが怒って大変なことに。獣医さんに相談したところ、「最初の子を大事にしてください」と言われ、クーちゃんはお店で暮らすことになりました。「名前は簡単につける」という方針から、黒いのでクー。クーちゃんのシッポはふさふさ。来たばかりの頃は、体が小さくしっぽばかり大きくてリスのようだったそうです。

クーちゃんの寝床は、ストーブのうしろや
お店入口の冷蔵庫の上など、その年に
よって変わるそうです。
現在は、キッチン手前の作業台の下が
お気に入り。

涙が出るほどうまい
エスカルゴ 1260円。

どのスパゲティを注文しても
おいしい「ボローニア」。
イラストでは
表現できない
その量のすごさ！
不思議と最後まで
ペロリと食べちゃいます。

いんげん、マッシュルーム、ベーコン
アンチョビ、ニンニク入り
塩味のイタリー風
1050円。

（平日のランチは、
コーヒー or 紅茶付き）

看板のここにも
ゴールドチェーンの首輪をした
クーちゃんが。

入口左上ピザを持った
クーちゃんが鎮座。

タバスコは、日本で手に入る5種を用意。タバスコ立ても手作り。なんとなく猫の手にも見えます。

店内にはマスターの作ったオブジェがいっぱい。ワインのビンで作ったシャンデリア。

◁ 入口

お店の中には、マスターの趣味の時計が現在110個(自宅には150個!)。店内の音楽を止めると、チックタックチックタック時を刻む音がすごい。「夜1人で聞くとちょっと恐いですよ」とマスターと一緒にキッチンに立つ息子さん。アンティークに見える時計も、安い普通の時計に飾りをつけたり、エアブラシで手を加えたものばかり。振り子にエスカルゴがついていたりして楽しい。

クーちゃんの昔の寝床。マスターが「OWNER'S ROOM」の看板を付けてくれました。

朝10時頃、テーブルに新聞紙を敷いてもらってごはんです。

「うまうまです〜」

水を手ですくって飲むこともあるそうです。

おなかもいっぱいになってのんびり外を眺めるクーちゃん。

外に出たい時は、入口でじっと待っています。

高い塀も軽々登り、猫道を通って民家の屋根の上へ。

「僕はこのあたりのボスだからパトロールはかかせないんだ"」

暖かい晴れた日は、外出時間も長くなります。
寒い日や雨の日は外に出てもすぐ帰ってくるそうです。

3階の自宅で暮らしているミーちゃん(♂13才)。名前の由来は、来たばかりの頃、ミーミーとよく鳴いていたから。きっとどこかの家で飼われていたのに、方向音痴らしく迷って戻れなくなったのではと思っています。お母さんが大好きでべったり。最近アオーンアオーンと鳴くから「アオちゃんに改名しようか」とマスター。

息子さんに
抱っこされるミーちゃん。
ちょっと緊張。

実は、「ボローニア」にはもう1匹猫がいます。お店のそばで赤い首輪の黒猫がいたら、それがチビちゃん(♀3才)です。1才くらいの頃、お店のまわりでニャーニャー鳴いていたところを保護。小さくてかわいかったのでチビちゃん。昼間はお隣の家に入りびたりでナナちゃんと呼ばれています。お隣には飼い猫チョコちゃんがいるので、夜はお店の2階で寝ます。

店内にはクーちゃんをモチーフにした飾りがいっぱい！探してみてね！

# MEIJIJINGUMAE

明治神宮前

東京メトロ千代田線・副都心線 明治神宮前駅から歩いて5分。穏田商店街にある「小池精米店」は、昭和5年開業、この道83年の老舗お米屋さんです。昔の木造家屋は、お風呂のたき口が外にあったり、縁の下があったりとネズミの出入り口がたくさんありました。そのためお米屋さんでは、お米をネズミから守るため、代々猫を飼ってきました。お店にネズミが出た日は「母屋に帰らずきちんと店番するように」と言い聞かせ、お店の中に置いていったそうです。

## 小池精米店

東京都渋谷区神宮前6-14-17
TEL 03-3400-6723
営業時間：8:00〜20:00
定休日：日曜・祝日、第2・4・5土曜
http://www.harajuku-komeya.com
※現在、お店に猫はいません。

緑色の外壁は、田んぼの四季をイメージしています。

お米は あたしが守る！

現在の看板娘 ミケさん（♀17才）。
7年前、鉄筋コンクリートに建て替えてネズミは出なくなりましたが、ミケさんの働きぶりは変わりません。

おひざしろ 好きだけど
抱っこは ちょっと嫌いかなぁ〜

「ミケちゃんってほんとに上品な猫なのよー」

ミケさんは穏田神社近くに住む野良母さん（三毛）の産んだ4匹のうちの1匹。先代猫のクリちゃん（♀）が死んでさみしかったので、いろいろな人に猫が欲しいと声をかけておいたら、近所のお兄さんが生まれたばかりの4匹をポケットに入れて見せに来てくれました。そのうちの1匹の三毛柄が気に入ってもらうことに。それがミケさんです。

「ここはうちの倉なのよ。お米がなくなったらすぐ飛んでくるの」と近所に住む常連さん。ミケさんは歴代猫の中でピカ1の接客上手。

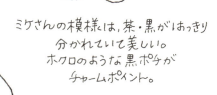

ミケさんの模様は、茶・黒がはっきり分かれていて美しい。ホクロのような黒ポチがチャームポイント。

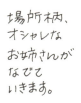

場所柄、オシャレなお姉さんがなびていきます。

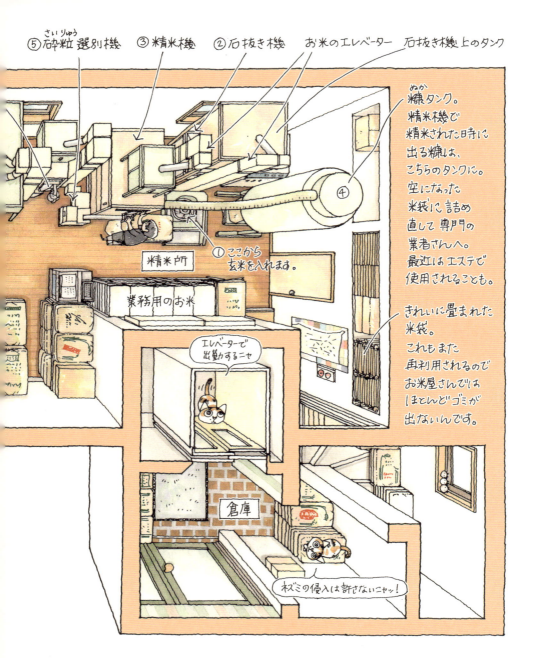

昔の猫のごはんといえば、ごはんにかつおぶしやお魚の骨でした。足りない栄養をネズミで補っていました。今は栄養満点のキャットフードを食べているのでネズミから摂る必要もなくなったようです。

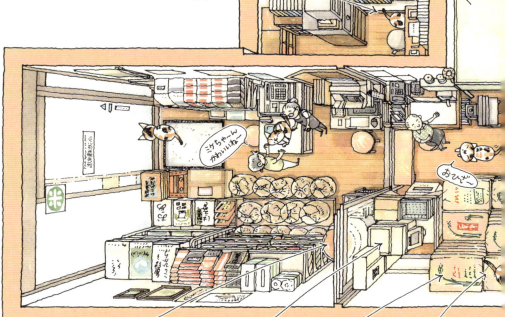

3代目の息子さんと外へ。

糠の入っている米袋。10kgの玄米を精米すると1kgの糠ができます。

エレベーターの前で待つミケさん。
住居スペースのある4階のボタンを押して1階で乗せてあげれば、4階で降り、上で乗せるとちゃんと1階で降りてお店に来るそうです。

なんと！ドアの取手がお米の形！！

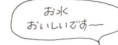
お水おいしいです〜

道でのびのびゴロ〜ン。

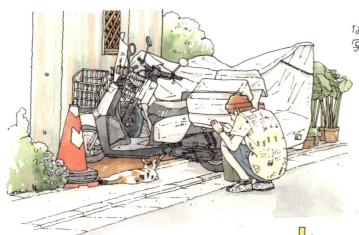

なでていく人もいれば
写真を撮っていく人も。

くつろいだり縄張りチェックが
終わるとお店の入口へまわります。

帰りましたー開けてくださーい

おかえり

ただいまー

小さい頃から両親に「猫は米屋にとって大切な存在」と聞かされて育ったお父さん。だから家には必ず猫がいて、途切れると米屋仲間からもらったりしたそうです。現在の建物に建て替える時、ミケさんは近所の仮店舗にもすぐ慣れ、お父さんが現場を見に行く時は毎回ついていったとか。「新しい家に移っても平気だったし、猫は家につくというけれど、ミケは人についているんじゃないかな」とお父さん。「働き手として、家族の一員として接してきたので、ミケは自分のことを人間だと思っているかも」とお母さん。

ミケさんの 玄米から白米には どうやってなるのー コーナー

① ここに玄米を入れ お米のエレベーターで石抜き機上のタンクに運びます。

② タンクから石抜き機に玄米を流し込みます。農家がお米をコンバインで収穫する時、小石を巻きあげてしまうので、まず、お米と石を選別します。

けっこう小さな石や石ケが入ってます

エレベーターはこんな感じ。このポケットにお米が入ってタンクまで登っていくの

表参道は明治神宮ができてから開けたの。江戸時代には「穏田」という地名があったほどの田園地帯で、キャットストリートが渋谷川だった頃、水車があってお米をついていたんだって

お米によって精米度合が変わるので白度を確かめながら機械を調整。

③ 石を抜いた玄米を精米します。玄米を摩擦することで白米と糠にわけます。

④ 精米する過程で削られた糠は風に飛ばされこちらの糠タンクへ。

⑤ 砕粒選別機で砕けたお米(破砕米)を取り除きます。

⑥ 色彩選別機で精米した米に含まれる色のついた米(着色粒)を除きます。

破砕米はスズメのえさとして販売されます。(1kg 50円)

着色粒とは、稲穂についたカメムシのだ液によって変色して黒くなったお米や未熟米、糠のかたまりなど。あぜ道に生えているクサネムの実が入っていることも。(黒いのがクサネムの実)

⑦ 白米のみになったら計量器で量り紙に入れてできあがり!!

10本の溝に、流しそうめんのように流れてくるお米に光をあて、色のついたお米を瞬時に判別し、エアーでそのお米だけ吹き飛ばすのよ——

## 雑貨
## nagaya shop mitta

東京都渋谷区千駄ヶ谷5-13-7 長屋の左
※閉店しました。

「ペンキは自分で塗りました。」

3軒長屋の左側。戦前の建物で、築100年くらいだそうです。自販機も建物にあわせてこげ茶に。

JR山手線・総武線 代々木駅東口徒歩3分、都営大江戸線から4分のところにある長屋の中に、手作りの1点もののバッグやアクセサリー・小物を扱う雑貨店「nagaya shop mitta」があります。店名の「mitta」は、物がない状態でオープンしたので、この空間が楽しい物や人で満たされますようにとオーナーの山西さんが願いをこめてつけました。調べてみると、パーリ語で「善い友だち」という意味があると分かりました。原始仏教の経典に「mittaに出会うことで人生が善くなる」とあるそうです。さて、そんな「nagaya shop mitta」の店長は、実は猫です。3年前、山西さんの知人Aさん家の庭に通ってくる野良猫が、飼ってほしそうに家の中をのぞいていました。Aさん家には、もうたくさんの猫がいたので里親募集することに。見た目がショボショボだったので仮の名はショボちゃん。里子に出されるとはつゆ知らず、念願のAさん家に入れた喜びでいっぱいのショボちゃんは、ひざの上に乗ったり人懐こさ全開。そのかわいらしい姿を写真で見た山西さんが里親に立候補し、めでたく迎え入れることに。ところが、Aさん家で飼ってもらうつもりでいたショボちゃんに「家に帰してくれー!」「変な所に連れてこられたー!」とうったえられてしまいました。2週間ほどは気配を消して隠れていましたが、やっと少し出てきてくれたところで、「お名前はどうしましょうか」とたずねました。ひまわりなど花の名前を挙げていったら、「ダリア」のところで「はーい」と伸びをしたので、「ダリア」になりました。

「なんだか安心するのねー」

「写真はいやー」
と逃げ腰。

ゴロンとくつろぐ店長。この敷物は、以前住んでいた阿佐ヶ谷で、通い猫がよく寝ていたもの。だから匂いが残っていてダリア店長も居心地がいいのかもと山西さん。

ダリア店長(♀推定5~6才)

インテリアテープ。もともと柄の違う2種の壁紙を貼る時、つぎ目を美しく見せるテープ。

フランスのバイヤーさんから送ってもらう美しいヴィンテージ生地やシルクのリボンテープ、インテリアテープが、オリジナルバッグやポーチに。

店長の爪とぎ板は木製。ダンボール製のは無視されたのでよく見ていると、ベニヤ板でとぐのが好きなようで、木製のものに変更しました。

配管工事で床をはがした時に床下から出てきたやかん。図柄は打ち出の小槌と当り矢。

布や着物、アクセサリーのリメイクを相談されることが多くなり、日々作ったり直したり、繕ったり。古くて良い物、歴史ある物、愛着のある物を、これからも使えるように再生できたらと思っているそうです。

取材時、ギャラリーでは小鹿田焼のうつわ展が開催中。

この長屋を借りる時、大工さんが捨てるつもりで外に出していた障子。もったいなくてディスプレイに使っています。昔、CDも取り扱っていて、1つの桟の中にCDがぴったり入るので、CDをディスプレイしていました。

フランスビーズで作ったアクセサリーなど1点ものがほとんど。

クロスを敷いて
小物置きに変身。

←

友だちにもらった
お釜のふたがぴったり！！

←

お店の入口にいきなり
ガスメーターが。「どうしましょう」と
思いましたが・・・。

段差28cmの恐怖の階段。2階まで10段で登ります。ダリア店長は足が短いので、ちょっと油断すると落ちることもあるそうです。

壁は少しあたたかみのある色にしたかったので、しっくいにコーヒーを混ぜて塗りました。

野良時代が相当つらかったのか、たとえ扉が開いていても、絶対外に出ないダリア店長。

2階をこっそりのぞいたら…

布団の上で
くつろいでいる店長。
この後、
緊急避難所の
押入れに
猛スピードで
隠れてしまいました。

……

すみません
店長

## 長屋を見せていただきました

2006年12月、散歩の途中に長屋を見つけ、「あら、こんなところに」とびっくり。翌年2月、再び長屋の前を通りかかると、貸物件の貼り紙が。改装中の大工さんが木製ガラス引戸をアルミサッシに替えようとしているのを見た瞬間、「たぶん借りるので、木製のままにしてください」という言葉が口をついて出てしまいました。必要最低限の工事をプロにまかせ、ペンキ塗りや壁のしっくい塗りは自分でやったそうです。

キッチン

トイレです

バリバリ…

お気に入りの
爪とぎ
です

住居
スペース

店長！
爪とぎは
こちらで！

物入れ

最初、扉はこげ茶、床はグレーで暗くて狭くてこわかったトイレ。ペンキで床と壁を明るい色に塗り直しました。天井はトタン板のままなので、冬はちょっと寒い。

けっこうすき間風が入るので、壁のすき間に梱包材のプチプチをつめ込みました。

長屋にはお風呂がなかったので、近くの銭湯に通っていましたが、残念ながら閉湯。浴槽を購入しました。

ダリア店長の食事処、自動給餌器。9時と15時にセット。それ以外にほしい時はちょこっとボタンで出します。

ダリア店長は、15時のごはん時と夕方、
お店に降りてくることがあります。

「いらっしゃいませー
ゆっくりしていってくださいねー」

と、
こっそりあいさつする店長。
気配がないので、お客さんは
あまり気がつかないけれど、
意外と店内の様子を
よくチェックしています。

ダリア店長にアームチェアと
この間仕切り壁をボロボロにされ、
あわてて爪とぎ板を設置。

「あー
おなかもいっぱい
だし…
気持ちいい…」

ウトウト……

コックリ コックリ しだす店長。

「い、いけない…
仕事中に居眠り
するなんて…」

はっ…

猫小物もいろいろあります

猫クリップ

実物大猫クッション　　猫ちゃんマグネット　　ピンバッジ

七宝焼
ブローチ

山西さんが彫った猫の篆刻（てんこく）。

ダリア店長の指示のもと
商品の企画・製作・セレクトなど
業務全般を行う山西さん。

着物の羽織を
リメイクした上着。

「火鉢で沸かしたお湯で淹れたお茶は、ほんとに味がいいんですよ」と
山西さん。冬の暖房に火鉢を愛用。コンロで赤くした炭をたてかけます。

# KICHIJOJI 吉祥寺

## 古本 すうさい堂

東京都武蔵野市吉祥寺
本町1-29-5
サンスクエア吉祥寺201
TEL 0422-27-2549
営業時間：13:00〜20:00
営業日：土・日曜・祝日
http://suicidou.
blog.shinobi.jp
※上記住所に移転しました。

「古本 すうさい堂」

ヂルちゃんが昼間よく遊びに行く
お隣のメキシコ民芸品・雑貨の「LABRAVA（ラブラバ）」。

JR中央線吉祥寺駅から徒歩5分。1階に個性的な店が並ぶマンション・ジャルダン吉祥寺の一角に、黒猫ヂルちゃん（♀7才）のいる「古本すうさい堂」があります。「本を読むということは、隠微なこと。悪いことを覚えるためのモノ、つまり人生指南」と店長の小阿瀬（こあせ）さん。友人宅で野良猫が産んだ子猫たちの世話をしているうちに、その一挙手一投足のかわいらしさにノックアウト。女の子をもらうことに。

名前は漫画家の故・ねこぢる氏から。

チルちゃんは口を閉じたまま「んん〜」とか「ほあほあ」とか鳴きます。

猫と初めて暮らすことになった小阿瀬さん。猫は「スリスリするんだろうなぁ」「マタタビが効くんだろうなぁ」「お刺身好きなんだろうなぁ」と思っていたのですが、チルちゃんはどれもしないのでビックリ。「愛想ないんですよ」と言いますが、お客さんが来るとちゃんとチェックしに来るいい子です。

口を開いて「にゃー!」と言う時は

なんだそうです。

ハフハフ

スライスかまぼこが大好きなチルちゃん。袋を見ただけで「早くちょーだい」とソワソワ。ハフハフ言いながら一心不乱に食べます。

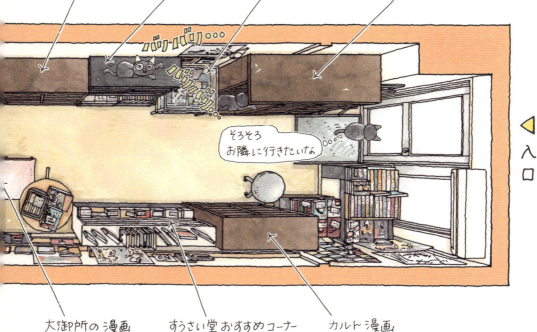

本来の爪とぎ板は この下に。しかし… 本棚でとぐのが大好き。

見れば見るほど おもしろい本が 隠れている本棚。

音楽関係の本。 下段には手塚治虫 先生のコーナー

100円均一コーナー

入口

そろそろ お隣に行きたいな

大御所の漫画　　すうさい堂おすすめコーナー　　カルト漫画

すうさい堂おすすめ

水木しげる先生 貸本漫画時代の『悪魔くん』。

江戸川乱歩原作の『芋虫』。絵にするとすごみ、グロさてんこ盛り。特に最後がすごいらしい。

東京に住む外国人さんのお部屋紹介写真集。

梶芽衣子をはじめ、昭和Bad Girl大集合。

ナンシー関さんの消しゴム版画のすべてがこの一冊に。

トイレの蓋に乗って、お水を飲むのが好き。

ヂルちゃんは砂で隠さずトイレットペーパーを引っ張り出して隠すそうです。

ごはん処

ギターケースの上で寝ています。

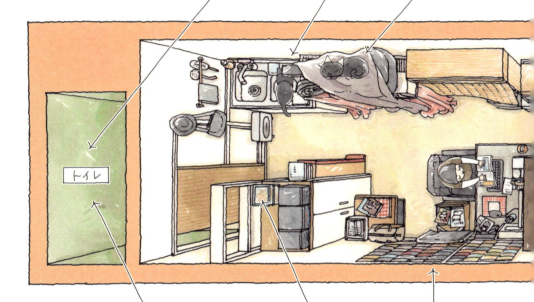

トイレ

ヂルちゃんのトイレもここに。

ヂルちゃん用ドライフード。

店内に流れる心地良いBGMは、すうさい堂お気に入りのCDコレクションから。

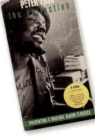

自称・吉祥寺の盲腸「すうさい堂」には、サブカル系・アングラ系の本がいっぱい。ヂルちゃんが来てからは「猫」の本も増えています。

なんていうか猫っていいですよね。何もせずともいいんです。ヂルには、もっとテキトーに生きていいんだよと教わりました

抱っこはキライです。

ムダな知識も教養のうち！

ケリの準備に入っている うしろ足。

ヂルちゃんは4年前、お店を出たまま行方不明になったことがありました。ポスター貼りやポスティング、動物病院やお店へのチラシ配り、ネットの掲示板への投稿、警察・保護センターへの連絡と、ありとあらゆる努力をしても見つからず、カラスが黒猫に見え、「カァー」が「にゃー」に聞こえるまでに。失踪して2か月。裏にある病院にお見舞いに来た女性がお店の前を通りかかり、貼ってあった探し猫のポスターを見て、「あら！うちで預かっている子だわ」と連絡をくれました。隣駅・西荻窪にあるその家では、3匹猫がいて（うち1匹が黒猫のマサオくん）、ある日お父さんが、「おい！うちのマサオが外に出ていたぞ」と抱えて帰ってきたのが、ヂルちゃんでした。ヂルちゃんはその家に保護されマサコと呼ばれていたそうです。

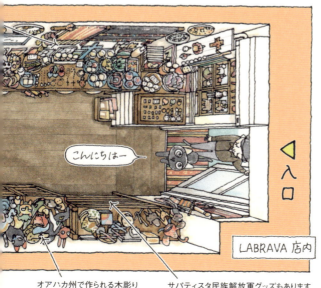

こんにちはー

◁ 入 口

LABRAVA 店内

オアハカ州で作られる木彫り　　サパティスタ民族解放軍グッズもあります

パンクだニャー

身元判明の決め手は、ヂルちゃんがしていたスタッズベルトの首輪でした。

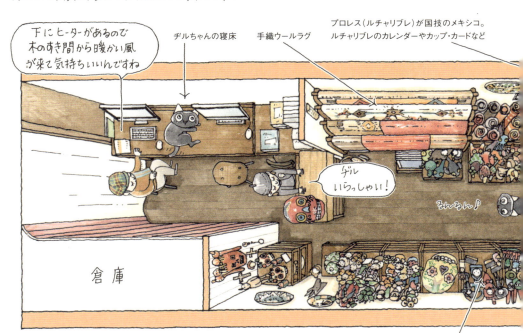

「すうさい堂」にゲルちゃんが来た日、小阿瀬さんは「LABRAVA」に「ほら、飼うんだよ」と見せに行きました。それ以来 行き来が始まりました。

「LABRAVA」の山本さんにカウンターの板のすき間から紙をチラチラ出してもらって遊ぶ。

キャーッ なになに〜

ゲルー なにかついているわよー

仕入れでメキシコに年に1〜2回、1か月ほど行くんですが、ゲルに会えないことがとてもさみしくて…だからすうさい堂さんに「ゲルのこと、ブログに書いてね。メキシコから見るから」とお願いしていくんですよ

と奥様。

メキシコには、日本のお盆にあたる「死者の日（11月1日・2日）」があります。その日はお墓も家の祭壇もマリーゴールドの花やパン、ガイコツ人形で飾られます。「LAERAVA」では「死者の日」グッズも販売しています。

猫もさまざまな形で登場。

チアパス州チャムラ村の人々が作ったぬいぐるみ。身近な動物をモチーフにしています。

作家もののオアハカの木彫り動物シリーズ。ワクワクする色使いです。

張り子で有名なリナーレス一家のガイコツ作品。工房には8匹の猫がいるそうです。

# SHINJUKU 新宿

**水出し珈琲の店
カフェ アルル**

東京都新宿区新宿5-10-8
TEL 03-3356-0003
営業時間:月〜金曜11:30
〜22:00(L.O.21:30)／
土曜・祝日11:30〜21:00
(L.O.20:30) 定休日:日曜

教えたわけ
ではないのに、
先代のゴエモンくんと
同じかっこうをする
次郎長くん
(♂4才)。

在りし日のゴエモンくん。
接客が終わると
ソファーの背の上で
リラックスして
いました。

天真爛漫な石松くん(♂9か月)は、
ただいまマナー研修中。
油断するとお客さんのミルクピッチャーを
倒して舐めてしまうハンターなのだ。

お店に来た頃のふたり。
まだ小さい石松くんの
面倒をよくみていた、
イケメンの次郎長くん。
石松くんが入口の方へ行くと
首をくわえて「そっち行っちゃダメ!」
と教えていました。

## ゴエモンくんの置き土産

お昼にはサラリーマンでいっぱいの「カフェ アルル」には、ゴエモンくんという看板猫がいました。「19年一緒でずっと元気だったから、死んじゃうなんて思わなかった。長いことお疲れ様でしたという気持ちで喪に服すつもりでいたんです」と、マスターの根本さん。ところが驚くことに、猫好きのお客さんはもちろん、ゴエモンくんがいても特にかわいがる風でもなかったお客さんたちから「実は会うのが楽しみでした」との言葉を多くもらったんです。「亡くなって初めてすごい存在だったんだなぁと思いましたよ」。そんな時、常連さんの知人が「保護している猫の中にゴエモンにそっくりな子がいるんですか?」と。「お預かりするつもりで仲のいい子猫を2匹もらってくれませんか」と。「お預かりするつもりで仲のいい子猫を2匹もらってくれませんか」と取材に来るんだけど思っていますよ。まあ、ゴエモンに比べたらまだまだだけどね」。2匹を見つめる根本さんの笑顔はくしゃくしゃでした。

「ゴエモンに比べたら、まだまだだね」
と言いながらも
うれしそうなマスターの根本さん。

お客さんのひざの上で
寝てしまう石松くん。
来たその日からお客さんのひざに
乗ったほど人懐こい。

# MACHIYA 町屋

## パリジャンカフェ

東京都荒川区町屋1-4-5
営業時間：月曜8:30〜14:30
火〜日曜・祝日8:30〜20:30
定休日：不定休 ※土・日曜・祝日及び
その月の最後の月曜はパンメニューのみ

キューちゃんがやって来た日、お母さんはカッコいい名前をつけようと一生懸命考えたものの、なかなか思いつかず。どうしたもんかなぁと、その時目に入ったのがお店にたくさん納品されたマヨネーズ。キューピーちゃん（愛称キューちゃん）と名づけられました。

お店が終わると、赤ちゃんのおくるみのように毛布にくるんでもらって2階の寝床へ。

## お母さん大好きな甘えん坊

千代田線の町屋駅から3分、地元の老若男女が集う喫茶店「パリジャンカフェ」があります。入口には「猫います」の写真入りボードが。扉を開けると、「だれですか？」「おや～初めてですね～」という顔をしたキジ白の男の子がお出迎え。一通りくんくんチェックすると、「こちらへどうぞ～」とばかりに鰻の寝床のような奥に広い店内を誘導してくれます。彼はキューちゃん（2才半）。埼玉県蕨市で生まれ低体温でぐったりしていたところ、お客さんが保護したそうです。パリジャンのお母さんはその話を聞き、思わず「え、雄雌どっちがいい？」と尋ねられ、「雄」と返答。そしてやって来たキューちゃんは、まだ生後3週目くらいでした。家に置いておけずお店に連れてきて2～3時間おきに授乳。お客さんたちは両手に乗せてはみんなでかわいがったそうです。当時を知るお客さんは、「そりゃあかわいかったわよ～キューちゃ～んって呼ぶとね、手の中で伸びをしたり遊んだりしてね～。今じゃ呼んでも振り向きもしないわ」と苦笑い。「でもね、お母さんのことが大好きでね、あとをついてまわってばがりいるのよ」と思わずにっこり。

遊ばなくなった猫じゃらしを捨てようとしたら、
「えー捨てるのー」って顔をしたキューちゃん。
仕方ないので、猫じゃらしの先についていた
おもちゃを寝床の天井から吊るしてあげると、
納得した顔をしたそうです。

お母さんが大好き。食材の
注文の電話をしていても
べったりくっついています。

かわいらしい訪問者に
じっと耐える キューちゃん。

「キューちゃん、いますかー」
とお店に来た
小学生の女の子たち。
思う存分なでると、
「ありがとうございましたぁ!
今度は、お金持って
くるねー(=お母さんを
連れてくるね)」
と、にこにこ帰っていきます。
下町らしいやりとりが
あふれる喫茶店です。

# KYOBASHI 京橋

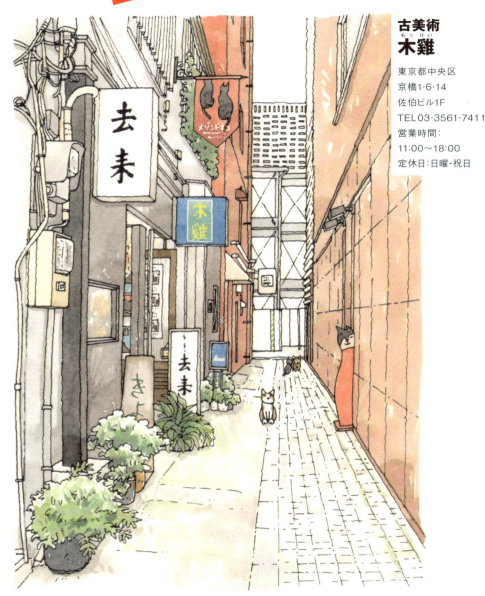

**古美術**
**木鷄（もっけい）**

東京都中央区
京橋1-6-14
佐伯ビル1F
TEL 03-3561-7411
営業時間：
11:00～18:00
定休日：日曜・祝日

ある日、仕事で京橋に来た女性が、猫を見かけて「かわいい！」と後をつけ、この路地に迷い込みました。ウロウロしていると、そこに「木鷄」が。ガラス戸の向こうに猫のごはん皿があったので、思わず「こんにちは」と声をかけると、お父さんが「どうぞどうぞ」と招き入れてくれました。この猫が、とらちゃん・たびちゃんの叔父、今は亡き・きじろうくん。数年後、これが縁でその女性・平さんは2階に「メゾンドネコ アートギャラリー」を開くのでした。

お客さんが来ると
顔を出す
とらちゃん（♀12才）。
ツンデレだけど、
人の言うことを
よく聞いて甘えん坊。
お父さんが大好き。

男前だねって
よく言われるけど
れっきとした
女の子なの。
声はかわいいのよ

## 思いがけず熊本へ

18年前、古美術「木雞（もっけい）」がお店を開いた頃、京橋にはたくさん野良猫がいてかわいがられていたそうです。中央区の政策で不妊手術が行き届き、現在はあまり野良猫を見かけなくなりました。「『とら』と『たび』は最後の代になっちゃうのかな」と「木雞」の大江さん。とらちゃんとたびちゃんの母猫は、出産後に避妊手術でお乳が出なくなり育児放棄。大江さんと大江さんのお父さんが、ミルクをあげて気にかけて育てました。また、2匹には模様がたびちゃんとそっくりなチャッピーちゃんという姉妹がいました。ある時、たまたま通りかかった人がたびちゃんを見かけて気に入り、里親になりたいと申し出が。里親さんが迎えに来る日、いつもはお店にいるたびちゃんがその日に限って外から戻らず、いつもは外で遊んでいるチャッピーちゃんがお店にいて、もらわれていきました。里子になった先は、なんと熊本。「チャッピーはとても賢い子です」と写真つきのお手紙をいただくほど幸せに暮らしていましたが、数年前にガンで天国へ。お父さんが2回熊本まで会いに行きましたが、お父さんのことをちゃんと覚えていたそうです。

どちらが犯人か分からないのですが、100万円もする壺を割ってしまったことも。

唐三彩「騎馬人物」
8世紀 中国
古美術「木雞」では、中国・日本・オランダ等の古い陶磁器を扱っています。

2階の「メゾンドネコ アートギャラリー」へも気が向くと遊びに行きます。「展示によって来たり来なかったり。好みがあるみたいですよ」と平さん。

ちゅ〜る大好き〜♪

べろ〜ん

はずかしがり屋のたびちゃん(♀12才)。でも慣れたらうるさいくらいまとわりつくそうです。CMのようにいつか両手添えしてほしいと大江さん。

抱っこは好きだけどカメラは苦手〜

とらちゃんと大江さん。

# TOKYO 都内某所

なな(♀8才)

ななは、生後1か月くらいの頃、家のまわりをウロウロしていました。玄関ポーチの猫用ダンボールハウスの中にいつの間にかちょこんといて、あまりの小ささに不憫で家に入れました。ななは目に入れても痛くないほどかわいいけれど、私がべったり添い寝までして甘やかしたせいで傍若無人に育ってしまいました。最近のお気に入りはアマゾンの箱。大好きな猫じゃらしを持ってきて一緒に寝ています。

## 自宅仕事場

住所:都内某所
営業時間:朝10:00頃~夜中
定休日:仕事がない時は
毎日が日曜日

家のまわりをウロウロしていた頃のなな。

のん(♀14才)

天上天下唯我独尊、マイペースののん。近所の猫おばさんから生後1か月くらいでもらいました。のんびりのん気に育ってほしくて「のん」と名づけました。クールなところがありますが、家族が寝込んだりすると必ずお見舞いに来てくれます。高齢になってきたので健康には気をつけてあげたいです。

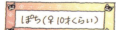
ぽち(♀10才くらい)

なんと2つ折りで寝ていることもあるぽち。人の顔を見ては逃げますが、すごい寂しがり屋で、部屋にいないと捜しに来ます。5年ほど前に外猫から家猫に。新参者という自分の立場をよく分かっていて、最初からのんを立て、生意気なななには教育的指導をしています。

寝姿も個性いろいろ

「腰をくびれさせるの」とばかりにツイストさせて寝る、のん。

「やっぱり開きでしょ」とぽち。

「レディはお顔隠さなきゃ」とうつぶせ寝が得意のなな。

ななは 仕事の邪魔ばかり

あそんで〜

平行定規で仕事しようとするとゴロン。

Macで作業しようとするとキーボードの上にゴロン。

あそべよ〜〜

おなかの下でショートカットキーが押されている。

ななは、私よりパソコンが上手。caps lockを押すのはあたりまえですし…

電源入れても起動音がしない…

Macが壊れた？

←ななが前日にさわって消音にしただけ…とか

またある日 起動すると…

ギャーーッ！
Macがしゃべった〜

「読み上げる」という機能があることを知らなかった。画面になんか説明文出てるし…

↑
ななが前日にどうもショートカットキーを押したらしい。

① お店の中を測り写真を撮ります。

### 俯瞰図ができるまで

―― 取材に持っていくもの ――

三角スケール（サンスケ）3つの面の両側に6種類の縮尺目盛りがついた定規。

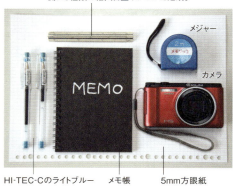

HI-TEC-Cのライトブルー　　メモ帳　　5mm方眼紙

 ② お店の中で作るメモ。

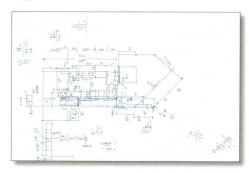

 ③ このメモをもとに図面にします。

―― 作業で使うもの ――

ホウキ 消しゴムのカスをはらうものですが、なな を机の上からどけるのにも使っています。　　ロットリング

修正液　平行定規　三角定規　サンスケ　消しゴム　勾配定規 斜めの線を描く時使います。

もちろん主役たちにもインタビュー。

えーお母さんのこと？

ギギくん　シャンくん

えとね、とっても優しいんだよぉ〜

140

高さを測って
平面図に
メモります。

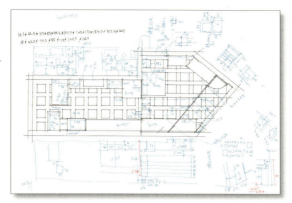

高さのメモをもとに
図面を立ち上げます。

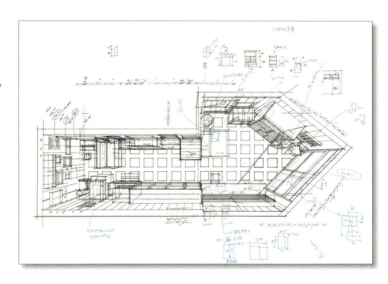

清書して、色をつけ、別版で
仕上げた猫と人をMacで
合成してでき上がりです。

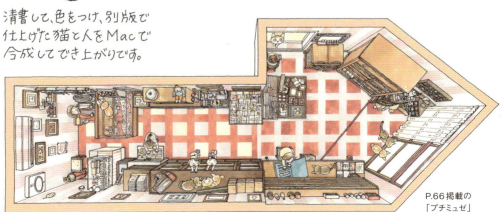

P.66掲載の
「プチミュゼ」

初出一覧

浅草編（猫びより15年11月号）
両国　江戸相撲小物 両国髙はし（猫びより13年1月号）
神楽坂　マンヂウカフェ ムギマル2（猫びより15年1月号）
谷中　喫茶 ル・プリーベ（猫びより14年7月号）
新座（埼玉）　アンティーク＆カフェ garland（猫びより15年7月号）
西荻窪　古書 にわとり文庫（猫びより14年5月号）
ひばりヶ丘　音楽カフェ 森のこみち（猫びより13年9月号）
南青山　シューリペアショップ COBBLER NEXT DOOR（猫びより15年3月号）
鷹の台　アンティーク・ブロカント プチミュゼ（猫びより14年1月号）
中野　フラワーショップ 花月（猫びより14年11月号）
中野編（猫びより16年1月号）
川口（埼玉）　カフェ・ド・アクタ（猫びより14年3月号）
早稲田　アトリエ・カフェ トリトリノキ（猫びより13年3月号）
小岩　ピザ・スパゲティ ボローニア（猫びより13年7月号）
明治神宮前　小池精米店（猫びより13年11月号）
代々木　雑貨 nagaya shop mitta（猫びより13年5月号）
吉祥寺　古本 すうさい堂（猫びより15年5月号）
新宿　カフェ アルル（猫びより16年5月号）
町屋　パリジャンカフェ（猫びより17年3月号）
京橋　古美術 木雞（猫びより16年11月号）
自宅仕事場（猫びより14年9月号）

☆本書は、『猫びより』の連載「ジオラマ猫処」「東京猫びより散歩」を再構成したものです。
お店や猫の情報は、取材当時のものです。

## 一志敦子 (いっし・あつこ)

イラストレーター。松本市生まれ。武蔵工業大学(現東京都市大学)建築学科卒業。
小学校低学年から猫と一緒に暮らす。
現在同居しているのは、唯我独尊な「のん」(♀18才)、
よく言えば天真爛漫、一歩間違えれば傍若無人の「なな」(♀12才)、
のんを立て、ななに教育的指導をする「ぽち」(♀推定14才)、
3年間の外猫生活を経て家族になった「ちろ」(♂推定5才)。
Twitter(@atsukoi2)で家の猫たちのことをつぶやき中。

### 【イラスト掲載本】

『立体図解 あの看板猫のいるお店』(辰巳出版)、『東京ねこまち散歩』
『東京路地猫まっぷ』『東京よりみち猫MAP』『東京みちくさ猫散歩』(日本出版社)、
『ドイツ おもちゃの国の物語』『ドイツ・古城街道物語』(東京書籍)、
『地球の歩き方 イスタンブールとトルコの大地』
『イスタンブール 路地裏さんぽ』(ダイヤモンド・ビッグ社)など。

## 東京猫びより散歩
### とうきょうねこ　　　さんぽ

2018年11月1日　初版第1刷発行

著者　　　一志敦子

企画・編集　「猫びより」編集部（宮田玲子）

AD　　　　山口至剛

デザイン　山口至剛デザイン室（韮澤優作）

発行者　　廣瀬和二

発行所　　辰巳出版株式会社
　　　　　〒160-0022
　　　　　東京都新宿区新宿2丁目15番14号　辰巳ビル
　　　　　編集部 03-5360-8097
　　　　　販売部 03-5360-8064
　　　　　http://www.TG-NET.co.jp

印刷所　　三共グラフィック株式会社

製本所　　株式会社セイコーバインダリー

本書の無断複写（コピー）を禁じます。乱丁落丁本はお取り替えいたします。
定価はカバーに表示してあります。

©Atsuko Isshi 2018 Printed in Japan
ISBN978-4-7778-2206-5